不再辜负你的梦想 立即行动

孟令玮 编著

煤炭工业出版社

·北京·

图书在版编目（CIP）数据

不再辜负你的梦想. 立即行动/孟令玮编著. －－北京：煤炭工业出版社，2018

ISBN 978 - 7 - 5020 - 6496 - 9

Ⅰ.①不… Ⅱ.①孟… Ⅲ.①成功心理—通俗读物

Ⅳ.①B848.4 - 49

中国版本图书馆 CIP 数据核字（2018）第 037032 号

不再辜负你的梦想
　　——立即行动

编　　著	孟令玮
责任编辑	马明仁
封面设计	浩　天

出版发行　煤炭工业出版社（北京市朝阳区芍药居 35 号　100029）

电　　话　010 - 84657898（总编室）

　　　　　010 - 64018321（发行部）　010 - 84657880（读者服务部）

电子信箱　cciph612@126.com

网　　址　www.cciph.com.cn

印　　刷　永清县晔盛亚胶印有限公司

经　　销　全国新华书店

开　　本　880mm×1230mm$^1/_{32}$　印张　7$^1/_2$　字数　200 千字

版　　次　2018 年 5 月第 1 版　2018 年 5 月第 1 次印刷

社内编号　9376　　　　　　　定价　38.80 元

前 言

　　人们常说，"心动不如行动。"只要我们想到了就立即付诸行动，这样才能有所收获。

　　国际企业战略网的创办者说："在一个企业组织里，为什么有的员工会取得很大的成绩，只要你看看他们所取得成功的过程就会发现，那些被认为一夜成名的员工，其实在成功之前，他们已经思考了很长的一段时间，当他们思考成熟时，便立即采取行动，结果走向了成功的巅峰。"

　　职业测评家费特隶说："成功是一种努力的累积，不论何种行业，想攀登上顶峰，通常都需要漫长时间的努力和精心的规划。"看看我们身边的朋友，他们的成功，何尝又不是早已默默无闻地努力了很长一段时间。

  同样的道理，在一个公司里，如果我们的员工都能够保持主动，时刻把"心动不如行动"永记心中，让工作成为一种追求，这样，纵使面对缺乏挑战或毫无乐趣的工作，最后也终能获得回报。当新员工养成这种立即行动的习惯时，他就有可能成为企业领导者和部门管理者。那些位高权重的员工就是因为他们以行动证明了自己勇于承担责任、值得信赖。

  "心动不如行动。希望什么，就主动去争取，去促成它的发生。我们无法指望别人来实现我们的愿望，也不能指望一切都已经成熟，然后轻松地去摘取果实。永远不会有这样的事情发生，我们要彻底打消这样的念头。"

  从这个角度来讲，无论我们做什么事情，我们都要有一种积极主动的意识，我们要相信：成功完全是自己的事情，没有人能代替一个人成功，也没有人能阻挠别人达成自己的目标。只有我们把梦想付诸行动，才能走向成功。

目 录

|第一章|

立即行动

|第二章|

积极主动地工作

|第三章|

再努力一点

|第四章|

成功离不开勤奋

|第五章|

坚 持 不 懈

|第六章|

充满热情去工作

|第七章|

与老板共生存

第一章

立即行动

从现在开始行动

在生活中，每天都发生很多事情。哪些事情是对自己有利的，哪些事情是对自己不利的，不妨每天给自己5分钟的时间反省一下，让自己感觉时间流逝的速度，慢慢地你会对时间有概念，对行动有期待。因为昨天已成历史，明天也仅仅是远景。所以只有今天好好地生活，才能使每一个昨天都是幸福的梦，每一个明天都是有希望的远景。所以，珍重今日！这是我们迎接晨曦应有的态度。

优秀的员工在工作时，他们从不讲什么条件，而是奉行"今天就行动"的原则。不要把今天的工作推迟到明天去做，

一定要今天来完成，争取今天完成明天的工作。我们要立即去做，如果你现在不去做，你永远不会有任何进展。如果你现在不去行动，你将永远不会有任何行动。没有任何事情比下定决心、开始行动更有效果。

富兰克林说："把握今日等于拥有两倍的明日。"将今天该做的事拖延到明日，而即使到了明日也无法做好的人，占了大约一半以上。应该今日事今日毕，否则可能无法做大事，也可能不能成功，所以应该经常抱着'必须把握今日去做，一点也不可懒惰'的想法去努力才行。"

拿破仑·希尔也曾说："利用好时间是非常重要的，一天的时间如果不好好规划一下，就会白白浪费掉，就会消失得无影无踪，我们就会一无所成。"

经验表明，成功与失败的界限在于怎样做到从现在开始。人们往往认为，等几分钟、几小时没什么大不了的，但它们的作用很大。时间上的力量非常微妙，可能在短时间内没什么太大的差别，但这些时间长期累积起来，你拖延的时间就绝不是几分钟、几个小时。它所产生的后果是你片刻的安逸，还有你长长的无所作为的一生。

歌德曾经说过："把握住现在的瞬间，从现在开始做起。

只有勇敢的人身上才会附有天才、能力和魅力。因此，只要做下去就好，在做的过程当中，你的心态就会越来越成熟。能够有开始的话，那么，不久之后你着手的工作就可以顺利完成了。"如果你没有从现在开始很好地选择行动，那么你的生活就会暗然无光。

　　曾有一位朋友对我讲过他失败的爱情。他说自己和一位同班的同学同时追求一名女孩，可是后来对方却捷足先登，这令他悔恨不已。那年他们两人都在当兵，他的同学除了天天写信给这位女孩之外，还掌握了她的"生活作息表"，一个假期抢先约了她，因此他失去了一生挚爱的女人。可见，立即行动的重要性。

　　大多数人只能庸庸碌碌地过一生，并不是因为他们懒惰、愚昧或习惯做错事。大多数人不成功的原因在于他们没有做对事情。他们不晓得成功和失败的分别何在。要实现成功的第一个秘诀就是：开始行动，向目标前进！而第二个秘诀是：每天继续行动，不断地向前迈进！

　　例如在工作中，有两个人站在相同的起跑点，谁多用心"分析战况"，再加上一点行动力，就可以率先取得胜利。这种情况好像在观看奥运游泳竞赛一般，他们其实只差之毫

厘。你是不是有个假想敌，你们的程度相当，才华伯仲，那么仔细想想你是不是有优于他的地方，如果有，请好好地发挥。不要等待奇迹发生才开始实践你的梦想。今天就要开始行动！如果不开始行动，你就到不了你想要去的任何地方，就达不到任何目标。赶快行动，否则今日很快就会变成昨日。如果不想悔恨，就赶快行动。行动是消除焦虑的最佳妙方，会立即行动的人从来不知道烦恼为何物，此时此刻是做任何事情的最佳时刻。

孔子说："朝闻道，夕死可也。"人生急急如火，不一定成功了之后，你就有时间可以享受成果，所以，请在最准确的时间做出最快的行动，虽然你不一定会获得成功，但是你至少有一半成功的机会。

懂得立即行动的人，他无论做什么事情都是一个乐观进取的人。所以，我只想告诉大家，从现在开始，只要我们认定是正确的事，就要立即行动，因为只要有开始，你以后的工作就可以慢慢顺利的完成。重视今日！因为抓住每一个今日，才能创造明日的辉煌。

机会来临时马上行动

　　在工作与生活中，我们不要等待奇迹发生才开始实践你的梦想。今天就开始行动！如果你想在一切就绪后再行动，那你会永远成不了大事。因此，如果你想取得成功，就必须先从行动开始。狄斯累利曾指出："虽然行动不一定能带来令人满意的结果，但不采取行动就绝无满意的结果可言。"所以说，有机会不去行动，就永远不能创造有意义的人生。人生不在于有什么，而在于做什么。身体力行总是胜过高谈阔论，经验是知识加上行动的成果。若想欣赏远山的美景，至少得爬上山顶。就像我们要吃到美味的面包，就必须自己动手去做一样。生命

中的每个行动，都是日后扣人心弦的回忆。但是，在现实生活中，每天都会有很多人把自己辛苦得来的新构想取消，因为他们不敢行动。

记得一位企业家对我说过的一句话："我一生事业之成功，就在于克服拖延，立即行动。就在于每做一件事，都提早一刻钟下手。"如果我们这样做，哪怕我们现在有了新构想，如果过了一段时间，这些构想又会回来折磨他们。那么，面对这种情况我们怎么办呢？我们只有赶紧行动，只有朝着目标前进，不要左顾右盼，不要犹豫不决，不要拖延观望，才能做出好成绩。

《干得好，格兰特》中写道："人们往往因为道理讲多了，就顾虑重重，不敢决断，以至于错失良机，甚至坐以待毙都不在少数。正是有了这么多的思想上的巨人，行动上的矮子，才有了那么多的自叹自怨的人。他们常常抱怨，自己的潜能没有挖掘出来，自己没有机会施展才华。其实他们都知道如何去施展才华和挖掘潜能，只不过没有行动罢了。他们也明白，思想只是一种潜在的力量，是有待开发的宝藏，而只有行动才是开启力量和财富之门的钥匙。"

让自己行动起来也是一种能力。如果你想调换工作，如果

需要接受特殊的职业教育训练，你就要马上报名去参加，缴学费、买书、上课，并且认真做功课。如果你想学油画，那你就先找到适合你的老师，购买需要的画具，然后开始练习作画。如果你想要施行，那从现在开始你就安排行程，着手规划。无论你的人生难关是什么，你今天就可以开始行动，并且坚持不懈。

在我们每个人的生命历程中，都有着种种憧憬、种种理想、种种计划，如果我们能够将这一切的憧憬、理想与计划，迅速地加以执行，那么我们在事业上的成就不知道会有怎样的伟大。然而，人们往往有了好的计划后，不去迅速地执行，而是一味地拖延，以致让一开始充满热情的事情冷淡下去，使幻想逐渐消失，使计划最后破灭。

看看那些没有成功的人，其实仔细分析他们失败的原因，我们就会发现，他们完全知道自己要走向成功必须做什么，但他们迟迟不愿采取行动，结果他们就得到的只有失败。所以我可以坦率地对大家说，成功的秘密是：不要只是空想，而是要行动！只要我们每天能够克服拖延，立即行动，成功才离我们越来越近。

立即行动

　　心理学家兼哲学家威廉·詹姆斯说："种下行动就会收获习惯；种下习惯便会收获性格；种下性格便会收获命运。"习惯可以造就一个人，你可以选择自己的习惯，在使用座右铭时，你可以养成自己希望的任何习惯。例如，一个具有拖延习惯的人，往往会妨碍人们做事，因为拖延会消灭人的创造力。对员工而言，一个员工的行为是为了得到承认并获得应有的价值，那些通过一系列的财务数据反映出来的工作业绩，就是证明你在一个公司有没有工作成绩的有力证据。它能证明你的工作能力、显示你的人格魅力、体现你在公司的地位和个人价值

的实现。无论做什么事情，只要你去做了，总会做出成绩的。

　　小索是某企业的一位管理者，他就是这样做的。他认为无论做什么事，只要立即着手，就能取得圆满的成绩。在2005年，公司给他一个月的年假，于是他决定去旅游，为此他高高兴兴地为旅游做了很多的准备，因此北京的多家旅行社就盛请地邀请他去美国观光。旅行路线包括在前往芝加哥的途中，到华盛顿特区做一天的游览。

　　小索抵达华盛顿以后就住进"威乐饭店"，他在那里的账单已经预付过了。他这时真是乐不可支，外套口袋里放着飞往芝加哥的机票，裤袋里则装着护照和钱。后来，这个青年突然遇到晴天霹雳。

　　当他准备就寝时，才发现皮夹不翼而飞。他立刻跑到柜台那里。"我们会尽量想办法。"经理说。

　　可是，到了第二天，对小索作出承诺的那位经理并没有找到钱包，于是小索只能孤零零地一个人待在异国他乡的宾馆里，最糟糕的是，他身上的零用钱连十元钱都不到了，他该怎么办呢？打电话给北京的朋友们求援？还是到在美国留学的同学去求救？还是留在宾馆里等待警察的结果呢？但是，他对这

些问题只有一人答案：不行，这事我一件也不能做。我要好好看看华盛顿，说不定我以后没有机会再来，但是现在仍有宝贵的一天我能待在这个国家里。他对自己说："好在今天晚上还有机票回中国，我一定有时间解决护照和钱的问题。我跟以前的我还是同一个人。那时我很快乐，现在也应该快乐呀。我不能白白浪费时间，现在正是享受的好时候。"

想到这里，小索立刻动身，他徒步参观了白宫和国会山庄，并且参观了几座大博物馆，还爬到华盛顿纪念馆的顶端。他去不成原先想去的阿灵顿和许多别的地方，但他看过的，他都看得更仔细。他买了花生和糖果一点一点地吃以免挨饿。

在小索回国之后，他还念念不忘最使他难以怀念的美国之旅的情景。如果那天他没有立即行动，也许现在他就会有很多的遗憾，他就会使那一天白白溜走。"现在"就是最好的时候，他知道在"现在"还没有变成"昨天我本来可以……"之前就把它抓住。

从小索的经历我们可以看出，一个人只要认识到他的每一次行动都是一次赢得时间，赢得金钱的行动，那就要立即行动。因为立即行动是最好的启动器。不管什么时候，如果觉察

到拖拉的恶习正在侵袭你，或者这种恶习已经缠住你了，这四个字都是对你的最好提醒。如果你一开始就抱有退却的念头，准备不足，那就只能什么事都做不成。所以说，我们不管什么时候都有许多事情要做，要克服懒惰，你不妨从遇到的每一件事上入手。不要在意是什么事，关键在于打破游手好闲的坏习惯。换个角度来说，假如你要躲开某项杂务，你就要针锋相对，立即从这项杂务入手。要不然，这些事情还是会不停地困扰你，使你厌烦而不想动手。更坏的是，拖延有时会造成悲惨的结局。在事业中，我们要想走在别人前面，就要克服拖延的习惯。因为做事从不拖延是使人信任的前提，它会给人带来良好的名声。当机立断常常可以避免做事情的乏味和无趣。拖延则通常意味着逃避，其结果往往就是不了了之。只有克服了拖延，我们的生活和工作才能按部就班、有条不紊，我们才能出色地完成手中的事情。之所以有许多人喜欢拖延，是因为他们还不明白这样一个道理：许多事情在心情愉快或热情高涨时是可以轻松完成的，如果被推迟，就会变成苦不堪言的负担。因此，我们必须时刻告诉自己："拖延已成为我实现目标的最大阻力。"只有行动起来，我们才能不会使思想陷入瘫痪状态，才能对人生中的事情做出正确的决定。

　　没有什么习惯比拖延更可怕的了。人应该极力避免养成拖延的恶习。人受到拖延引诱的时候，要振作精神去做，绝不要去做最容易的，而是要去做最艰难的，并且坚持做下去。这样，自然就会克服拖延的恶习。拖延往往是最可怕的敌人，它是时间的窃贼，它还会损坏人的品格，破坏好的机会，劫夺人的自由，使人成为它的奴隶。

　　要医治拖延的恶习，唯一的方法就是立即去做自己的工作。要知道，多拖延一分，工作就难做一分。"立即行动"，这是一个成功者的格言，只有立即行动才能将人们从拖延的恶习中拯救出来。

　　总之，如果下定决心立刻去做，往往会激发潜能，往往会使你最热望的梦想变成现实。如果你一旦克服了拖延，养成了立即就做的工作习惯，人生进取的精神你就大体上把握了。

成功属于大胆行动的人

人要生存，离不开物质基础，农民种地、工人做工，都离不开行动。一个人要想得到发展，除了能干、会干外，还要会表现，但更重要的还要会行动。一个人只有采取积极的行动才能带来积极的效果。在你的职业生涯中，如果你为公司创造了真正的价值，你必将获得回报，但并不是马上得到。

但若仅仅把自己的工作当成是一种生存的需要，就有人会因为职业产生不如意、不称心的感觉，在工作中带着无奈而被动的工作，对付完成每天的工作或是上、下班，打发日子是不对的。

如果每个人都能全身心投入到自己的工作中去，即使是能力一般的人，也能取得很好的成绩，即使那些令人厌烦的人，也会使人改变对他的看法。

每一个老板自然而然地觉得，勤勤恳恳、全神贯注、充满热情的员工更有价值，因为任何一个公司的领导都会把那些需要在短期内完成的事交给那些勤奋的人去做。因为他们知道，懒散的人只是精于偷工减料，他们中的多数人并不能正确估计自己的能力。他们不愿面对挑战，发展潜能。也正是如此，在这些员工完成工作之后，每次提升就会落到他们身上，这些员工的积极心态也常常感染上司，上司也知道，这样的下属在尽力帮助自己，并且对那些喜欢逃避责任的员工也是一种激励。

另一方面，应该培养起自己立即行动的意识，要求自己在规定的时间内完成工作。如果你没有这种意识，你就会处在那些冷漠、粗心大意、懒惰的员工的影响下，对工作失去信心，存在一种随遇而安的心理。因此，领导者也会自觉地与有良好心态的员工在一起，关心他们的生活，对那些不专心工作、开脱责任、不注重实绩的员工，有一种本能的排斥心理。

成功者就是一位在短期内做更多事的人，在他们的事业生涯中，他们无论做什么事都是向着自己树立的目标前进，他们

认为一个人要走向成功，就是要在行动之前定下明确的目标，然后持续不断地向着自己的目标奋进。

汤姆是一名30多岁的普通员工，收入不高却得养活太太和孩子，生活的重担让他生活得并不轻松。他每天努力地工作，却舍不得吃一顿像样的饭。

他们全家都住在一间小小的公寓里，每天都渴望着拥有一套自己的新房子：有较大的空间，比较干净的环境，小孩能有地方玩耍，而这房子就是他们的一份产业。可是买房子对于收入本来不高的汤姆来说太不容易了，哪怕是数目不太大的首付款就让他无能为力。

当汤姆付下个月房租支票的时候，心中总是很不痛快，因为每月房租和新房的分期付款差不多。于是汤姆有了一个主意，他对太太说："下个礼拜我们去买一套新房子，你看怎么样？"

"你是在开玩笑吗，我们哪有能力？连首付款都付不起！"妻子尖叫着，不知道为何丈夫会有这么奇怪的想法。但是汤姆已经下定了决心，他说："在这个城市，跟我们一样想买新房的夫妇大约有几十万，其中有一半，只有一半能如愿。一定是什么事情让他们打消了这个念头。我们只有行动起来，

才知道怎么去做。虽然我现在还不知道怎么凑钱，可是一定能想出办法。"妻子听着丈夫如此坚决，就不再出声。

说干就干，一个礼拜之后，汤姆真的找到了一套非常喜欢的房子，虽然不大但是足够居住了。可是这房子首付就是10万美元。于是，接下来的日子他为了这笔钱到处奔走。他的朋友、同学、亲人、同事，他没有遗漏一个能借钱给自己的人。可是不管他如何苦思冥想，只凑齐了8万美元。

当一切可能都因为首付款的问题而被搁置，他突然又来了一个灵感，他想找开发商洽谈，向他们借款。当销售人员第一次听了他的想法，感觉吃惊。因为之前从没有人提出过这样的要求。经过一再沟通，开发商竟然真的同意2万借款以每月2000的方式偿还。

就这样，首付款终于有了，他们可以住进自己的房子。可是每一月的分期付款也是一个难题。汤姆的薪水捉襟见肘。为了还得起分期付款，他向老板要求加薪水。他对老板说明了自己的境遇，并保证公司的事他会在周末做得更好。老板被他的诚恳和坚决感动，于是也答应让他周末加班，并付给他一份额

外的工资。一切似乎都很顺利，汤姆过了不久就搬进了新家，看着宽敞明亮的新房，夫妻俩相拥而笑。

有好主意就马上行动，成功总是躲在困难之后，我们要做的就是用力去拨开成功道路上的荆棘。不要害怕已知和未知的困难，要相信自己总能想出解决的办法。如果自己去做了，一定会有所收获，如果能解决问题和克服困难，一定能得到我们想要的。

行动就是去争取机会

只要我们认识到行动高于一切，我们就能做到希望什么，就主动去争取，去促成它的发生。我们无法指望别人来实现我们的愿望，也不能指望一切都已经成熟，然后轻松去摘取果实。永远不会有这样的事情发生，我们要彻底打消这样的念头。

如果想完成一件事情，我们都得立刻动手去做，空谈无济于事。每个人都会有自己的理想和目标。但是我们很多人都只是想一想，并没有付出行动，那么一切都无法实现，没有任何意义。一个人的一生中，行动决定一切，行动高于一切。一个敢用行动挑战不可能的人才是成功的人。

第一章　立即行动

21

　　乔格尔家拥有大量的土地，在乔格尔16岁的时候，他的父亲去世了，管理家产，经营家产的重担就落在了乔格尔的肩膀上。在18岁的时候，他开始按照自己的想法对家园进行了大规模有力的改造，结果取得了很大的成就。

　　那时的农业还处于极为落后的状况。广阔的田地还没有圈起来，农夫也不知道如何灌溉和开垦土地。农夫们工作虽然很辛苦，但是生活依旧十分贫困，他们连一匹马都养不起。

　　在乔格尔的家乡，当时连一条像样的路也没有，更不用说有什么桥了。那些买卖牲口的商人要到南边去，只得和他们的牲口一起游过河。一条高耸入云的布满岩石的羊肠小道挂在海拔数百英尺高的山上，这就是通往这个村庄的主要通道。

　　农夫要进出村子都非常困难，更不用说和外界进行贸易了。乔格尔意识到，要想生活有所改变，就得先改变生活了多年的环境。他决心要为村子修建一条方便快捷的道路。当老者们知道了这个年轻人的想法后，都嘲笑他异想天开，不知道天高地厚。几乎没有人支持他，也没有人相信他能修出一条路来。

　　乔格尔没有因为别人的意见而放弃，他召集了大约2000名

的劳工，在一个夏日的清晨，他就和劳工们一起出发，他以自己的实际行动鼓舞着大家。经过了长达两年的艰苦劳动，以前一条仅仅只有6英里长的充满危险的小道变成了连马车都能顺利通行的大路。

村子里的人看着眼前的大路，不得不为自己的无知而羞愧，也为年轻人的毅力和能力而折服。乔格尔没有就此停止自己的行动，他后来修建了更多的道路，还建起了厂房，修起了桥梁，把荒地圈起来加以改良、耕种。他还引进了改良耕种的技术，实行轮作制，鼓励开办实业。大家都很奇怪这个年轻人永远有着别人想不到的主意。

过了几年，在乔格尔的带领下，这个曾经一度很贫穷的小村庄变成了这一带有名的模范村。原本吃饭都成问题的农夫，成为拥有一定产业的"有钱人"，乔格尔也成为大家敬佩的带头人。他不甘于安逸享乐的生活，致力于开创性的事业，后来成为了英国议会会员。

我们并不缺少成功的机会，缺乏的只是把自己的想法付诸行动的勇气。如果我们能积极行动起来，就能得到梦想的东西。一个人即使有了创造力，有了智慧和才华，拥有了财富和

人脉，并且有了详细的计划，如果不懂得去使用这些资源，不愿意或者不敢采取行动，那么这一切都只能说是对这一潜能的最大浪费。

总之，只要我们下定决心去做，我们就能把任何一件事做好，就能使我们最热切的梦想也能实现。只要我们下定决心去做，我们就能鼓起劲来，努力工作。如果我们只望着山顶，稀里糊涂地往上爬，不管前进的岩石，那么，我们也不会达到山顶，所以，我们只有注意眼前的路，加快行动的步伐，才能尽快到达山顶。

所以，我们要做一个敢于行动，善于行动的人，把眼光放在最终目标上，清楚在自己前进的道路上该做什么，不该做什么，然后把自己一腔的热情和活力投入其中。行动高于一切，希望什么就主动去争取，只要不断地行动，就不会失败。

挫折是上帝的馈赠

心动不如行动，只有大胆地行动、持续不断地努力，才能获得更多的机会和更大的成就！我们只有付诸行动，才能勇敢地去迎接每一个挑战。毕竟成功是一种努力的累积，不论何种行业，想攀登上顶峰，通常都需要漫长的努力和精心的规划。只有行动，才能真正地体现我们自身的价值。

当我们开始踏上人生的旅程，其间必然会面对各种各样的挫折。不要害怕碰壁和挫折，它将使我们学会许多关于人生必须明白的道理和规则。因为每天都做着同样的事情，直到意外的挫折才会让我们清醒。多数人在遭受挫折以后会幡然醒悟，

激发潜力，从而找到更足够的理由去改变，去行动。

就拿健康来说，在身体无恙的时候，我们不会去注意饮食和运动。当疾病缠身，医生严肃地告诉我们说："你如果再不改变以前的生活方式，你就死定了！"突然间，我们就有了改变的动机。

在婚姻亮起红灯，在家庭即将破裂的时候，我们才发现以前对伴侣关心太少；在事业的低谷，公司经营不善的时候，才会去尝试新的观念，做出艰难的抉择。只有在行动受挫的时候，我们才会学习人生的重要一课。如果我们回想一下自己一生中最大的决定是怎么产生的？多半是在碰壁受挫的时候，那时我们告诉自己：我过够了被人踢来踢去的生活，一定要出人头地。就这样我们满怀信心地开始改变的行动。

成功得意的时候大肆庆祝，很少有人能从中体会意义。在成功的喜悦中，根本体会不到失败的意义，更多的人会就此满足。每个人都有惰性，如果不是环境逼迫，多半都会安于现状，不求改变。

有个女孩被男友抛弃了，伤心欲绝的她在家里待了一个星期。后来渐渐和老朋友联系，结交了许多新朋友。不久，她搬了新家，还换了新工作，比起半年前，似乎更加快乐和自信了。

有个男孩被公司解雇了，暂时也找不到什么好工作，于是用自己的积蓄做起了一点儿小生意。这是他平生第一次给自己打工。虽然他仍然需要面对各种问题，但是生活却变得更有意义和更有挑战性。

人生中的每一个挫折和意外，就如同上帝用一个小锤子在我们的脑袋上警告一次，如果我们继续置之不理，它老人家又会重重地敲一下。最后我们会明白每一次行动让我们成长，如果拒绝改变，才会痛苦不堪。当我们开始新的行动，一切就会变得不同。

五官科病房里同时住进来两位病人，都是鼻子不舒服。在等待化验结果期间，甲说，如果是癌，立即去旅行。乙也同样如此表示。结果出来了：甲得的是鼻癌，乙长的是鼻息肉。

甲列了一张告别人生的计划表离开了医院，乙住了下来。甲的计划表是：去一趟拉萨和敦煌；从攀枝花坐船一直到长江口；到海南的三亚以椰子树为背景拍一张照片；在哈尔滨过一个冬天；从大连坐船到广西的北海；登上天安门；读完莎士比亚的所有作品；力争听一次瞎子阿炳原版的《二泉映月》；写一本书。凡此种种，共27条。

他在这张生命的清单后面这么写道：我的一生有很多梦想，有的实现了，有的没有实现。现在上帝给我的时间不多了，为了不遗憾地离开这个世界，我打算用生命的最后几年去实现还剩下的这27个梦。

当天，甲就辞掉了公司的职务，去了拉萨和敦煌。第二年，他又以惊人的毅力和韧性通过了成人考试。这期间，他登上过天安门，去了内蒙古大草原，还在一户牧民家里住了一个星期。现在这位朋友正在实现他出一本书的计划。

有一天，乙在报上看到甲写的一篇散文，就打电话去问甲的病。甲说："我真的无法想象，要不是这场病，我的生命该是多么糟糕。是它提醒了我，去做自己想做的事，去实现自己想去实现的梦想。现在我才体味到什么是真正的生命和人生。你生活得也挺好吧？"乙没有回答。因为在医院时说的，去拉萨和敦煌的事，早已因患的不是癌症而放到脑后去了。

其实每个人都患有一种癌症，那就是不可抗拒的死亡。我们却没有像那位患鼻癌的人一样，列出一张生命的清单，抛开一切多余的东西，去实现梦想，去做自己想做的事。这是因为我们认为生命会很漫长，然而行动上的差别，使我们的生命有

了质的不同：有些人把梦想变成了现实，有些人把梦想带进了坟墓。

谈谈生命尽头时候的情景：当心爱的人围绕在自己身边，没有人会说"要是我多赚几十万就好了"。他们通常会说："好好照顾你妈妈和孩子。"没有人会说"照顾好我的车子"。这些问题都非常简单，我们都知道，但是光知道而没有行动又有什么意义。这些只会让自己在即将离开这个世界上的时候，倍感失落和遗憾。

人的命运不会因为"知道"而改变，但因为"做到"而改变。行动中不断经历，在旅途中全力以赴，坚信行动改变命运。

拥有超强的行动力

对于我们这些从事写作的人来讲，我们如果不想让自己的灵感流失，那么，就要在我们产生灵感的时候，立即把它记下来，哪怕是在深更半夜，我们也要这么做。只有这样做了，我们才能比别人多一份成功的可能。正如成功大师卢克斯所说，"先人一步者总能获得主动，占领有利地位。占领了有利地位就是占有了机会。机会很重要，对机会的反应一样重要。机会是种子，要用它结出胜利的果实。当把握了机会，就得第一时间采取行动，机会稍纵即逝。再者机会对别人也是公平的，机会不等人"。

一个优秀的人对生活、工作的热爱和立即行动的习惯，就应该像艺术家记录自己的灵感一样自然。

机遇对每一个人来说应该是平等的，但为什么有人抓不到，有人却能利用好每一个机会呢？关键在于你是不是准备好了。捕捉猎物的时候放空枪，只能眼睁睁地看这猎物消失。捕捉猎物的本领就是及时抓住机会，发现了机会，有的人早有准备，一触即发。有的人却眼睁睁地看着机会溜走。

有三个人在一起散步，其中一个人忽然首先发现了前面有一枚闪闪发亮的金币，但是他还是定睛看了看到底是不是金币；而第二个人几乎在同一时间，也发现了前面的金币，他大叫起来："那是金币！"第三个人没等其他两人行动，就一个箭步上去俯身捡起了金币。

机会面前，那些能在第一时间采取行动的人，总能得到他们想要的。而那些看见了机会却迟迟犹豫的人，只能在羡慕的眼光中"享受"那原本属于自己的成功。如果你心存拖延逃避，你就能找出成打的借口来解释为什么事情不可能完成或做不了，而为什么事情该做的理由少之又少。把"事情太困难、太昂贵、太花时间"作为借口的人，他们是不能走向成功的。只要那些能够快速的作出决定，并能够立即付诸行动的人才能

成功。

我们不愿许下承诺，只想找个借口。虽然能让我们偶然接近成功，但是也将我们暴露在风险之下，行动者应该知道风险永远和机会并存，机会只是种子，如果不用自己的行动去争取成功，一切都不会改变。

很多成功的企业家，都是些行动快速的人，一旦嗅到了机会就会毫不迟疑地冲上去。他们没有学过经济学、管理学，他们的成功关键在于快速行动，抢占机会，并且能牢牢地抓住。

《英国十大首富成功的秘诀》指出："如果将他们的成功归结于深思熟虑的能力和高瞻远瞩的思想，那就有失片面。他们身上真正的才能是审时度势后付诸行动的速度，这才是他们最了不起，才是他们出类拔萃，位居行业领袖的原因。"

机会是这个世上最为珍贵却又最为普通的东西，说它普通是因为每一个人都会遇见它，而且不止一次。但是它同样很珍贵，因为它难以真正把握而又那么容易消逝。机会给有准备的人，在机会没有到来的时候，我们需要在等待中不断准备，然后再耐心等待，而当我们意识到它到来的时候，就应该以最快的速度决定和行动。不要奢望一切都有把握之后才行动，那样自己永远只会慢一拍。

　　机会是种子，而行动就如同金子一样，能让我们闪闪发光。拥有了超强的行动力，即拥有了一座宝藏，让我们一生受之不尽。

全力以赴地行动

我们每天都需要面对身边发生的一切，每一点变化都会给我们的心灵带来震动。这种震动让我们开始思考，思考如何才能让生活成为自己希望的样子。这时候面对各种选择，是就此决定还是继续找到更多的理由。

如果我们能够全身心地投入到自己的工作中去，即使是能力一般的人，也能取得很好的成绩。

美国总统林肯是个私生子，出身卑微、面貌丑陋，更谈不上举止风度，而且他对自己的这些缺点十分敏感。可是他并没有因为这些缺美而放弃努力，他知道唯有从知识中汲取力量才

能让自己有所成就。在刻苦的学习中，他忘记了自己的缺点，或者说知识让他变得自信起来。正是因为他的自信，才使得他在经历了一次又一次的失败之后，还能继续坚持。最后他成为了令人敬佩的美国总统。

在工作中，只要我们对自己充满信心，做什么事都能全力以赴地去行动，就没有什么做不成的。因为你努力地去行动，老板自然而然地觉得，勤勤恳恳、全神贯注、充满的激情，并能付诸行动的员工更有价值。即使是最卑微的职业，也能从中体验到快乐与满足。即使是补鞋这么低微的工作，也有人指导它当作艺术来做，全身心地投入进去。不管是打一个补丁还是换一个鞋底，他们都会一针一线地精心缝补。另外，一些人截然相反，随便打一个补丁，根本不管它的外观，好像自己只是在谋生，根本没有当作自己的一项事业来追求，那么，他做起事来就会犹豫不决，就不会付诸行动，就会遭受失败。他们在经历了一次次失败以后，就会否定自己，怀疑自己，就该"认命"，从而使自己放弃一切努力。

一位成功人士在讲解他的成功时曾经这样说："总有很多事情需要去做，如果你正受到怠惰的钳制，那么不妨就从碰见的任何一件事着手。是什么事并不重要，重要的是你突破了无所事事的恶习。从另一个角度来说，如果你想规避某项杂物，那么你应该从这项杂物着手，立即行动。否则，事情还是会不断的困扰你，使你觉得烦琐无趣而不愿意动手。"这就是说，如果你认定为自己的目标付出努力是对的，才能在面对挫折的时候不顾结果地付出。

贝多芬曾经说过："人应该自助，马上行动是最快的捷径。"正是马上行动的意志克服了心理的阻力——自卑。由于自卑，人们会清楚甚至过分地意识到自己的不足，便会努力学习别人的长处，来弥补自己的缺陷，从而使其性格受到磨砺，而坚强的性格正是获取成功的心理基础。假如你具备了知识、技巧、能力、良好的态度与成功的方法，懂得比任何人都多，但你还可能不会成功。因为你必须要行动，这就是人们常说的"一百个知识不如一个行动"。

我们每个人都有不同的天赋，很多时候，我们不知道天赋在哪方面，它隐藏在我们的灵魂深处。它告诉我们维护自己的尊严和人格，克服自卑，战胜自我。无论是伟人还是平常人，都会在某一些方面表现出优势，在另一些方面表现出劣势，也会或多或少地遭受挫折或得到外部环境的消极反馈。并非所有劣势和挫折都会给人带来沉重的心理压力，导致自卑。

超越自卑，就在于我们要有一个正确的选择。因为生命中的每一次选择都可以成为发展自己的跳板，而这块跳板的动力就来自于行动。这就好比你希望有一笔巨大的财富，你渴望成功，你甚至想得到别人没有的东西，可你行动了吗？大数人浑浑噩噩、不思进取，他们毫不吝惜地浪费时间，做起事来拖拖拉拉，这样就永远不会有所作为；可他们又渴望成功，这种矛盾的心理冲突会造就浮躁。尽管成功是急不得的，但如果不立刻行动起来，永远都不会成功。因此，一个人能否从生命的陷阱中把自己解救出来，并超越自我，这都要依靠自己的行动来决定。强者不是天生的，也不是没有软弱的时候，强者之所以成为强者，在于他善于用行动战胜自己的软弱。

　　从这里我们可以看到，无论我们做什么事情，都要掌握时机，立即行动！我们只有通过立即行动，才能超越竞争对手，才能帮助自己达成目标，才能使我们走向成功。而在这个过程中，我们不要怀疑，不要犹豫，更不应该贬低自己，只要勇往直前，付诸行动就一定能走向成功。

为自己的行为负责

现实生活中，只有行动起来的人，才能在行动的过程中获得生活的乐趣。即使行动的方向有误，你也会从中汲取到教训，使自己在今后的道路上有更多的经验来走出困境。

一个员工是否能够自动自发地做事，是否能为自己的所作所为承担责任，是那些成就大业的员工和凡事得过且过的员工之间最根本的区别。

在一个公司中，当领导不在身边却更加卖力工作的员工，将会获得更多奖赏。如果只有在别人注意时才有好的表现，那么你永远无法达到成功的顶峰。最严格的表现标准应该是自己

设定的，而不是由别人要求的。如果你对自己的期望比上司对你的期望更高，你无须担心会不会失去工作。同样，如果你能达到自己设定的最高标准，那么升迁也将指日可待。

在我们的工作中，无论是任何员工，在进入企业时，我们一定要让他们知道，无论他做什么样的事，都应该懂得为自己的行为负责。只有明白了这一点，他们才能知道，任何伟大的功业都是从小事一点一滴地积累起来的。人们只有深刻地认识到这个道理，才会真正重视那些看起来无足轻重的小事，形成认真仔细的办事风格。这项美德的具备与否，将对你一生的事业产生巨大的影响。

老板们都知道具备这种美德的人非常少，而要找到这种工作认真负责、尽心尽力的员工就更是难上加难。考虑问题不周密、办事不积极等司空见惯的坏习惯仍随处可见。他们多年来绞尽脑汁做的事就是挖掘那些可以胜任工作的人。他们的业务并不需要特别的技艺，只要你有责任心、能朝气地工作就行。他们不断地聘请员工，却又不断地解聘员工，原因就在于这些员工粗心、懒惰、不负责任！而在庞大的待业人员队伍中，却有许多人被传染上了这种坏习惯。如果他们不能找到自己的不足并尽力加以改正的话，那注定要对那些空闲的工作职位望洋兴叹。

很多人之所以粗枝大叶，就在于他们只图享受，不思进取，根本没有将本职工作做得完美无缺的意识。人们常说，一心不能二用，只求享受的头脑是绝对不能在工作中做到完美的。工作与享乐应当分开，工作时就要全身心地工作。那些工作时还念念不忘享乐的人必将把工作搞砸。有一个经过不懈努力终于获得高薪职位的女性，她上班没几天就高谈阔论要去"快乐地旅行"，结果到月底，就因工作不力而被解职。

提前上班，别以为没人注意到，老板可是睁大眼睛在瞧着呢！如果能提早一点儿到公司，就说明你十分重视这份工作。每天提前一点儿到达，可以对一天的工作做个规划，当别人还在考虑当天该做什么时，你已经走在别人前面了！

如果不是你的工作，而你做了，这就是机会。有人曾经研究为什么当机会来临时我们无法确认，因为机会总是乔装成"问题"的样子。当顾客、同事或者老板交给你某个难题，也许正是为你创造了一个珍贵的机会。对于一个优秀的员工而言，公司的组织结构如何，谁该为此问题负责，谁应该具体完成这一任务，都不是最重要的，在他心目中唯一的想法就是如何将问题解决。当顾客、同事和你的老板要求你提供帮助，做一些分外的事情时，积极地伸出援助之手吧。

第二章

积极主动地工作

什么是积极主动

　　什么是主动？主动就是不用别人督促你，你就能出色地去做。什么是积极主动？积极主动，就是让我们热情洋溢地去找事情来做，而不是痴痴呆呆地等待事情。有一位名人曾经说过："机会不是等来的，而是积极主动地去争取。"对呀，如果你不积极主动，那么你这一辈子必将一事无成。积极主动，从字面上看起来容易理解，但是有多少人会做到积极主动呢？积极主动这一词最早是由著名心理学家维克托·弗里兰克推介给大众的。

　　弗兰克就是一个积极主动、从不向困难低头的人。他最

初是一位受弗洛伊德心理学派影响极深的决定论心理学家，后来，弗兰克在纳粹集中营里经历了一段艰难的岁月，在后来就开创出了独具一格的心理学流派。

弗兰克的父母、妻子、兄弟全都死在了纳粹魔掌之下，而他本人则在纳粹集中营里受到了严刑拷打。有一天，他赤身独处于囚室之中，在突然间意识到了一种全新的感受——也许，正是集中营里的恶劣环境让他猛然警醒："在任何极端的环境里，人们总会拥有一种最后的自由，那就是选择自己的态度的自由。"

弗兰克的意思是说，在当一个人极端痛苦而得不到别人的帮助的时候，他依然可以自行决定他的人生态度。在最为艰苦的岁月里，弗兰克选择了积极向上的人生态度。他并没有悲观绝望，反而在脑海中设想，自己在获释之后应该怎样站在讲台上，把这一段痛苦的经历介绍给自己的学生。正是凭着这样一种积极而乐观的思维方式，他在狱中不断磨炼自己的意志，一直到自己的心灵超越了牢笼的禁锢，在自由的天地里任意驰骋。

弗兰克在狱中发现的这个思维准则，正是我们每一个追求成功的人所必须具有的人生态度——积极主动。如果你具备了这种主动精神，你就会在自己所在的领域脱颖而出。

不要仅仅做那些别人告诉你要去做的事情，而且要主动做那些需要做的事情。如果企业需要的话，如果顾客需要的话，你都应该努力而为，发挥你的主动性。你一旦具备了主动精神，就会发现有许多需要你去做的事情，由此你也获得了比别人更多的提高能力的机会。

小李在多年前就开始踏入社会谋生，刚开始的时候是在一家热电厂工作，一个月的薪水只有600元。有一天晚上十点钟，在小李经过厂门口的时候，他看见一个中年人正在从货车上往厂里搬很多货物，而且在搬的过程中，这位中年人非常的吃力。小李看到这一切，主动去帮他搬运东西。小李知道，帮这位中年人往厂里搬东西并不是他的职责，而是完全是出于自愿，他也不图什么回报。在开始的时候，他们的工作还算顺利，但由于东西太多了，他们搬了一个小时之后，都感到非常累了，对于一些大件物品，就是使尽吃奶的劲都推不动。"但我们没有放弃，尽管搬运货物的速度放慢了，但我们还是努力地工作着，一直到凌晨三点搬完为止。我为自己的所作所为感到高兴，但是，厂领导并没有因我的额外工作而称赞我。但在第二天我却有了意外的收获。"小李在后来回忆说，"第二

天，那中位年人把我叫去，告诉我说，他发现我工作十分努力，热情很高，尤其注意到我卸货时清点物品数目的细心和专注，因此，他愿意为我提供一个待遇优厚的工作。我接受了这份工作，并且从此走上了致富之路。"

看看那些成功人士，他们所取得的成功，往往都是揣着一颗积极主动的心去做好一件事，积极主动地去寻找机会，因此，这就是他们名扬四海的原因之一。

积极主动，只靠口说不去做是不行的。然而，我们每一个人也一定都要记住，积极主动比消极等待要好上千万倍。一个优秀的管理者应该努力培养员工的主动性，培养员工的自尊心。自尊心的高低往往影响工作的表现。那些工作时自尊心低的员工，墨守成规、避免犯错，凡事只求忠诚公司规则，老板没让做的事，决不会插手；而工作自尊高的员工，则勇于负责，有独立思考能力，必要时发挥创意，以完成任务。这就是说，我们要获得成功就应该学会积极主动地工作，要比老板更加积极主动。因为积极主动的人身上有一种朝气蓬勃的动力，所以会比其他人更容易成功。

主动使你突出

　　世间的任何事都是公平的，积极的人会得到积极所带来的丰硕成果。学会积极主动地去工作，你就会发现所有的工作都那么简单，如今的境况和以前的都是那么的不同，这就是积极主动的魔力。

　　优秀的员工都是自动自发工作的人。作为一名优秀的领导者更应该努力培养员工的积极主动性。不论你是老板还是公司里的职员都应该认识到这一点。所以，从现在就开始行动吧！不要等你找到理想工作的那天，只要你主动一些，一切就会变得美好起来。

　　在我们的人生历程中，我们不能用一种懒汉的行为去对待自己，我们应该用一种积极主动的态度去对待。有些人在工作中，总是用一种平庸的心态去对待工作，他们通常认为自己付出了多少，只要对得起从公司拿到的薪水就行了，他们不会主动加班，也不会积极主动地去完成工作，他们稍遇挫折就心灰意冷，总觉得这个社会欠了他太多。他们总是抱着平庸的态度去做事，结果也会可想而知。

　　一个人的工作有没有主动性、有没有追求完美的精神，对工作是具有本质的影响的。

　　在北京有一家做图书代理的公司，业务主管让三位员工去做同一件事：去北京的各大书店了解一下最近的图书市场情况如何。

　　第一位员工20分钟就回到了公司，他对业务主管说，他去了最近的一家图书书店，他已经向该书店的员工询问了情况，接着就向业务主管汇报了他了解到的情况。

　　第二位员工45分钟后回到了公司，他亲自到某某书店了解了情况，然后自己还在该书店把各种书翻看了一遍。

　　第三位员工却在5个小时之后才回到公司，原来他不但去

了前两位员工去的图书店，还去了十多家书店，并把每家书店的情况都一一做了记录。在回来的路上，他还去了一些出版社，把最近的图书市场和出版情况也做了解，然后他还找到一个麦当劳，害怕把了解到的情况遗忘，他就做了记录，然后，才回到公司。

第三位员工的态度，是一种积极主动的工作态度。而这种态度，也正是每一个追求成功的人应具有的人生态度。对于那些讲究主动，善于最大限度地挖掘自身潜力的员工来讲，注重自己为公司贡献乃是他们的必然选择。他们不会仅仅看到自己的工作，而且有着一种超越的胸怀，把目光盯向目标。他们非常看重自己应该承担的责任，常常会反省自问："我是否对我的人生有着更好的向往，我是否对我所在的公司作出贡献，这种贡献是否对企业的业绩和成果产生了深远的影响？"

要想达到事业的顶峰，你就要具备积极主动、永争第一的品质，不管你做的是多么平凡的工作。成大事者与庸人之间有个最大的区别，那就是，前者善于自我激励，有种自我推动的力量促使他去工作，并且敢于自我担当一切责任。成功的要诀就在于要对自己的行为作出切实的担当，没有人能够阻碍你的成功，但也没有人可以赋予你成功的源动力。

　　因此，我们不应该抱有"我必须为老板做什么"的想法，而应该多想想"我能为老板做些什么"。一般人认为，忠实可靠、尽职尽责完成分配的任务就可以了，但这还远远不够，尤其是对于那些刚刚踏入社会的年轻人来说更是如此。要想取得成功，必须做得更多更好。

　　如果你是一名货运管理员，也许可以在发货清单上发现一个与自己的职责无关的未被发现的错误；如果你是一个过磅员，也许可以质疑并纠正磅秤的刻度错误，以免公司遭受损失；如果你是一名邮差，除了保证信件能及时准确到达，也许可以做一些超出职责范围的事情……这些工作也许不是你的职责，但是如果你做了，就等于播下了成功的种子。

　　付出多少，得到多少。这是一个众所周知的因果法则。也许你的投入无法立刻得到相应的回报，但也不要气馁，应该一如既往地多付出一点儿。回报可能会在不经意间，以出人意料的方式出现。最常见的回报是晋升和加薪。除了老板以外，回报也可能来自他人，以一种间接的方式来实现。

　　对百万富翁成功经验的研究也反复证明额外投入的回报原则，尤其是在这些人早期创业时，这条原则尤显重要。当他们的努力和个人价值没有得到老板的承认时，他们往往会选择独立创业，在这个过程中，早期的努力使其大受裨益。你付出的努力如同存在银行里的钱，当你需要的时候，它随时都会为你服务。所谓的主动，指的就是随时准备把握机会，展现超乎他人要求的工作表现，以及拥有"为了完成任务，必要时不惜打破成规"的智慧和判断力。

成功的人主动做事

想要成为一名优秀的员工，一定要具备一种率先主动的工作意识。主动的人能接触到更多的信息与资源，这对处事的灵活性、多样性、成功性都大有帮助；同时主动的思维会带来积极的行动，行为上的主动会引起良好的外界反馈，这样才能够进一步刺激到自己的神经细胞，从而产生出一种更积极的思维。对于这样一种良性循环，能够让人们在处理好事情的同时，最大限度地发挥自身的能动性，以便创造出更大的价值，由此体会到一种安全感、价值感、幸福感。

著名钢铁大王卡内基说："有两种人决不会成大器，一种

是除非别人要他做，否则他是绝不主动做事的人；另一种人是即使别人要他做，也做不好事情的人。"

对于一家企业来说，积极主动的员工就是好员工。积极主动不仅仅是一种做人的态度，也是一种做事的方法，更是一个好习惯。同样的一个工作环境，同样的一份工作，积极主动的人总是能又快又好地把工作做完，从来都不用担心加薪和晋升。那些因为对待工作随便、怠慢而不能晋升的人，你完全有能力来改变你的处境，秘诀是行动起来，养成做事积极主动的好习惯。

世界排名第六的畅销书《致加西亚的信》的作者阿尔伯特·哈伯特在年轻时，曾经修理过自行车，卖过书，做过家庭教师、书店收银员、出纳，还当过清洁员。在他看来，他的工作都很简单，不费精力，而且是下贱和廉价的，但后来，他知道自己的想法是错误的，正是因为这些工作经验，留给了他很多珍贵的经验和教训。

他在做出纳的时候，有一次，他把顾客的购物款记录下来，完成了老板布置的任务后就和别的同事聊天，老板走来，示意他跟上来。然后老板自己就一言不发地整理那批已订出去

的货，然后又把柜台和购物车清空了。

就是这样一件事，彻底改变了阿尔伯特·哈伯特的观念，他明白了不仅要做好自己的本职工作，还应该再多做一点儿，哪怕老板没有要求的，去发现那些需要做的工作。阿尔伯特·哈伯特一直遵循这样的方法和积极主动工作的心态，使他变得更优秀。

对我们每一个人来讲，在平时的生活和工作中都会遇到困难，但对于哪些主动做事的人，无论大事小事，他们都会想尽一切办法去做好。

在他们看来，如果不主动工作，就意味着你丧失了主动权，而被动地去完成一件工作，这样一种工作状态会让人变得懒惰，当人形成一种凡事都要靠别人说才去做的习惯后，就会完全地丧失本来可以握在手中的机会，或许就是因为丧失了这样的机会，让你和成功失之交臂。

拿破仑·希尔说："要想获得这个世界上的最大奖赏，你必须拥有过去最伟大的开拓者所拥有的，梦想转化为全部有价值的献身热情，以此来发展和销售自己的才能。"有了热情也就能调动行为的主动，行为的主动又能影响心态进一步成熟。

做事是否积极主动，常常是于细微之处见精神。在我们的

工作职场中，只要我们具备一种积极主动做事的心态，每天多努力一点儿，多付出一点儿，我们才能在工作中争取到更多的机会。有些人虽然没有高深的学历、丰富的经验，但有一颗主动积极的心、一颗赤诚的上进心；只要有了这个心态，在事业上就一定会获得更大的进步与发展。

主动比别人多做一点

　　成功与不成功其实区别是非常小的，它们的区别就在是你是否是一个积极主动的人。大凡那些取得成功的人，都是积极主动做事的人，而那些不成功的人做事则大多都是消极被动。这就是说，主动是我们应该具备的一种积极的人生态度。只要我们有了这种态度，就能够培养我们的创造力，我们就会主动地思考、积极地行动，会在我们所接触的过程当中扩大自己对事物的认知视野，所谓举一反三、触类旁通、顺藤摸瓜其实都是主动思维的另类诠释与最好的证明。

　　亨利·瑞蒙德在美国的《论坛报》做编辑时，一个星期只

能挣6美元，但这没有消减他对工作的热情，他总是工作很长时间，努力做一些自己力所能及的工作。他在成为美国《时代周刊》的总编后这样说："为了获得成功的机会，我必须比其他人更扎实地工作，当我的伙伴们在剧院时，我必须在房间里，当他们熟睡时，我必须在学习。"

很多事实告诉我们，在自己力所能及的范围内多做一点只会让自己受益无穷，如果带着一种不平衡，计较得失的心态去面对工作，计较比别人多做一点，计较自己拿的报酬少，如果这样，那么，只能一直平庸下去，一直抱怨下去。

一旦获得了这个教益，我们还要认识到积极主动地做事还体现了我们的某种精神，这种精神它可以反映在人的思维、行动及整体的气质面貌上，它可以拓展人的思维，更大限度地促进人的潜能开发。不像消极的人，什么都是被动接受进行的，那种被外物牵着鼻子走的生活方式会消灭人的意志，抑制人的能力的发挥，生活也会变得越来越糟。

《把信送给加细亚》一书的主人公罗文就是一个积极主动的人，他在接到麦金莱总统要他给加西亚将军送去那封决定战争命运的信时，没有任何推诿，而是以其绝对的忠诚、责任感和创造奇迹的主动性完成了这件"不可能的任务"。一百

多年来，他的动人事迹全世界广为流传，激励教育了地球上千千万万的人以主动性完成职责。无数的公司、企业、工会、系统、组织都曾经人手一册，以其塑造自己团队的灵魂。如今，"送信"早已成为一种象征，成为人们忠于职守、履行承诺、敬业、忠诚、主动和荣誉的象征。恰恰是这个并不复杂的故事传达的理念，却足以超越那些连篇累牍的理论说教，他的影响力之大是不可想象的，它不局限于个人、企业、机关和一个国家，甚至贯穿了人类文明。正如阿尔伯特所说，"文明，就是充满渴望地寻找这种人才的一个漫长的过程"。

我们越是专注自己的工作，学到的东西和克服的困难也就越多。任何一个组织要想获得真正的成功，都必须需要一群能够积极主动工作的人。

在工作中，比别人多做一点只是举手之劳。看到了需要做的工作，想到了需要解决的问题，就不能率先把事情做完，率先把问题解决吗？人的心理说复杂也复杂，说简单也简单，总是会觉得自己凭什么要比别人多做一点，自己为什么要主动思考问题。其实，每个人都知道，主动多做一点不会让人感觉到多大的不便，只是心理不平衡，认为自己不需要那么做。反过来呢，当别人因为比自己多做了一点受到嘉奖时，心理的不平

衡又跳出来了，这个时候又会在想，那么简单的事情自己也会做，有什么了不起，为什么老板认为他就比自己优秀。这样的人该怎样说才好呢，既然知道了主动多做一点也不会给自己造成不便，自己也有能力多做一点，为什么就不能率先主动呢？

取得一些工作成绩是一个结果，实现这个结果需要一个过程，它需要人们付出，需要人们主动去做一些相关的工作，如果不主动，怎么能脱颖而出呢？当然不能！只有一个把自己的本职工作当成一项事业来做的人，才可能有这种宗教般的热情，而这种热情正是驱使一个人获得成就的最重要的因素。大家对于工作的态度可能局限在怎么样把自己的本职工作做完，但是并没有想过要多干一点点，可是，也许就是这一点，让老板对你刮目相看。

有机会展现自己的能力是好事，但在展现的过程中一定要主动与人交往，不过，在你与人交往的过程中，你首先要做到尊重他人，只要尊重别人，你们在情感方面的交流就会友善融洽，这样你就会得到一个好的回报。这就是说，很多事情只要能率先主动一点，体现的就是不一样的个人能力和品质。著名投资专家约翰·坦普尔顿通过大量的观察研究得出一条结论，取得突出成就的人与取得中等成就的人几乎做了同样多的工

作，他们所做的努力差别很小——只是多1盎司。就因为这一点让工作大不一样。所以，工作中，你能比别人多做一点点，多主动一点，就会获得不一样的成绩，获得不一样的回报。每天努力一点，日积月累，你就能比别人多做很多事情，这样的员工老板如果不重视，那只能说明他没有眼光，并不能说明你没有能力，但千万不能因为自己主动多做一点没有得到老板的重视就开始消极，不愿意主动，把这个主动权又从手中丧失。

总之，在我们的生活与工作中，老天对我们都是十分公平的，只要我们积极主动地思考或行动，哪怕是前方的旅途困难重重，我们也会在不断挑战中找到一条真正的完善自我、通向成功的道路。

让主动成为一种习惯

　　一个小小的习惯就能体现一个人最珍贵的素质，在被动的驱使和主动去做这两者之间，如果选择主动，结果是大不一样的。这种习惯能让人们变得更加敏捷、更加积极，千万不要以为自己能完成老板交代的任务就可以高枕无忧，只有采取率先主动这一战术才能成就优秀。比尔·盖茨曾经说过："一个好员工，应该是一个积极主动去做事、积极主动去提高自身技能的人。这样的员工，不必依靠管理手段去触发他的主观能动性。"

　　想要让自己具有竞争力，就不要满足于现在的知识水平，千万不要对自己说"我已经做得足够好了"。不论什么时候，

不要停下学习的脚步，因为学习是永无止境的，如果稍有停息，就会掉队。职场中，你会发现自己的身旁经常出现一些思维活跃，具有卓越能力或者是经验丰富的资深业内人士，如果在身边出现这样的人后，你表现出慌张或不安全，这种不自信就说明你没有在工作中不断地提升自己。

杨海东是一个非常积极主动的人，他曾经被一家著名公司聘用为总经理助理，他每天的工作主要就是替这总经理处理一些日常事务方面的工作，在工资待遇方面并没有其他公司的这一职务高，但他还是乐于接受了这方面的工作。有一天，总经理对他说："一个人是否具有竞争力，一定程度上也说明了这个人是否有主动学习的精神，谁都不能说自己已经做到最好，有句流行在当下的话'没有最好，只有更好'，力求做到最好的人永远是最出色的。优秀的人不论从事什么工作，都会不断地要求自己要做得更好，不能有轻率马虎、敷衍了事的想法，如果满足于自己现有的能力，总有一天，就会被淘汰。能以最严格的态度要求自己的人，就是能把事情做得最好的人，如果有能力做到更好，为什么不去做呢？对于老板来说，这种能不断要求自己进步的员工就是优秀的员工，就是有价值的员工。"

从此之后，他对自己的工作更加主动了，他开始在晚饭后回到办公室继续工作，不计报酬地干一些并非自己分内的工作——譬如替这位企业家给客户回信等。

为了使工作做得更加出色，他不断地学习相关的知识，他所做的工作都能产生巨大的反响，这些回信和自己老板写得一样好，有时甚至更好。他一直坚持这样做，并不在意老板是否注意到了自己的努力。就这样，在半年之后，由于公司要拓展海外业务，在进行人员选聘时，总经理在挑选合适人选时，就自然而然地想到了杨海东。

一个以最高的标准要求自己的人，从来不会认为自己是最好，他们也不会抱怨别人，因为他们知道，自己还做得不够好，还有改进的空间。那些整天不是抱怨这里，就是抱怨那里的人，他们从来都不愿意想自己在抱怨别人的时候，自己是否是优秀的，而往往事实就是整天心里嘴里都在抱怨的人就是最差劲的人。

工作更是应该永无止境地学习和改进，要经常对自己说："我还能做得更好。"这种态度不仅是对工作的负责，对老板的负责，更是对自己的负责和对自己能力的自信和挑战。如果你能

够把自己所负责的事做得很好，你在无形之中就已经在老板心目中取得了重要的位置，在某一天，当公司需要责任心强的人才的时候，你就会被调升到更高的职位，获得更大的成功。

积极主动 全力以赴

一个积极主动的员工，一心牵挂在工作上，没有他人的督促也能出色地完成任务，这就是优秀员工和普通员工差异的地方。积极主动的员工，是一个人成为优秀职业人的最重要的条件，如果你在工作中缺少了积极主动以及全力以赴的精神，你就不能把任何事都做得圆圆满满，你也不可能做好老板安排的工作，终会失去老板的信任。只要你积极主动地做事，你才能成为老板所倚重的员工。

洛克菲勒从一个工人成为著名的石油大王不是一蹴而就的，这和他主动工作的意识是分不开的。不放过主动寻找解决

问题的机会，自然也就会在此中收获更多。

想要让自己的能力得到提升，主动思考工作中每一个细节是极其必要的，主动解决工作中的难题，不要把问题推给老板。尽管老板也有解决问题的责任，但是，想想看，如果自己能够主动解决问题，你的价值也就会因此而体现出来。

《邮差弗雷德》中所描述的弗雷德就是一个主动工作的人。邮差的主要工作就是把邮件送到收件人手里，这是每一个邮差都能做到的，但是，弗雷德却不一样，他主动思考自己的工作应该怎样改进。他了解了收件人的各种情况，比如经常出差的收件人就可能因为没在家及时接收邮件而导致丢失邮件，征得收件人同意后，弗雷德便在收件人不在家时妥善地替他们保管邮件。

虽然这样的想法看起来并无什么特别之处，好像人人都能想得到，的确是这样，不同之处在于，弗雷德主动去想了，也主动去做了。

对于我来说，故事的含义是多方面的。其一，它让我知道只要自己主动去思考，就能找到很多使工作质量变好的方法。其二，它告诉我尽管一些问题的答案看似很简单，但需要我主动关注它。

　　如同今天一样，我在看李开复的书时，有段话对我的影响很大，他说："不要再只是被动地等待别人告诉你应该做什么，而是应该主动地去了解自己要做什么，并且规划它们，其后全身心的努力地去完成它。想一想在如今世界上最成功的那些人，有几个是唯唯诺诺、等人吩咐的人？对待工作，你需要以一个母亲对孩子般的责任心和爱心全力投入，一步步地努力。如能做到这样，便没有什么目标是不能达到的。"

　　如果多动脑子，主动为工作寻找出路，就一定会有所收获。

　　这样一种自动自发工作的方式，不论任何一家企业，都会推崇，即便是老板，也更应该有这样主动的意识，因为主动是被动的大敌，你主动一点，被动就离自己远一点。

　　这样做，也是一种自信的表现，相信自己能够解决问题和困难，因为谁都愿意自己在工作中寻找到存在的价值。每个人都想要不平凡，但不平凡是需要你坚持不懈，努力工作，积极向上争取的，虽然我不害怕平凡，但我却不希望因为自己不主动思考问题而失去向优秀跨越的机会。

敬业是主动的根源

敬业是我们每个人所应该具备的一种精神，无论你从事什么事业，都应该把它看成是一种崇高的精神境界，这样的话，我们对敬业一词就更容易理解。

在我们的工作中，只要我们把敬业深深地铭刻在心，就能积极主动地去工作，就会在工作中找到快乐，积累经验，获得更大的成就。当然，这一切，都离不开我们持之以恒和坚持不懈的努力。只有把工作当成事业来做，我们就会愿做、想做，就会积极主动地投入工作，对自己从事的职业产生兴趣，主动钻研，有强烈的求知、求深的欲望和行动，主动增强自己的知

识储备，充分发挥自己的潜能，在工作中找到快乐。

我们要做到敬业，就是要尊重自己的工作。那些把工作当成事业干的人，都是有远大理想、有崇高追求的人。他们能够正确处理平常心与进取心的关系，安心于平凡的岗位，但不甘于平平庸庸过一生，而要干出一番业绩来奉献社会，回报人民，实现自己的人生价值。他们具有顽强的意志和宽广的胸怀，认准的路就坚定不移地走下去，不怕前进道路上的困难和挫折，不断超越自我，努力攀登事业和人生的高峰。

敬业观念的淡薄让很多人失去了在工作中进步的好机会，既然接受了工作带来的收益，职业道德就是应该遵循的。其实，很多人敬业观念的缺失是没有意识到"劳有所得"的含义，我们得到的前提必然是付出。对于任何一家想要以竞争取胜的公司，领导人都希望员工是敬业的，没有敬业的员工，就没有高质量的产品，也没有高质量的服务。工作既然是我们的天职，那么，敬业也就是我们的责任，工作敬业并不只是为了老板，这是双赢。

我们要想在市场竞争中取胜，就需要设法使每个员工敬业。成功学大师拿破仑·希尔说："敬业为立业之本，不敬业者终究一事无成。"这并不仅仅是老板对员工的要求，更是员

工出于双赢考虑作出的明智选择。企业存在的首要目的就是为了获得利益，这也应该是公司全体同仁的一致目标。

在任何一个公司，只有那些勤奋敬业的人才能获得上司的赏识，才能获得他人的尊重。

发明大王爱迪生在纽约寻找工作时，由于一家经纪人办公室的电报机坏了，唯一一个能修好电报机的爱迪生便谋得一份工作。他在与波普一起成立的公司里发明了爱迪生普用印刷机，因此获得了一笔收入，并用这笔收入建立了一个工厂。

工厂建立后，爱迪生通宵达旦地工作。在发明留声机的同时，为了点燃一盏真正有广泛实用价值的电灯，使得灯丝经久耐用，他大约用了6000多种纤维材料才成功地找到了发光体。爱迪生那种执着的精神使得他为人类文明做出了巨大的贡献。

一个人想要有所成就，没有全心全意地工作精神就不能达成目标。这是真理，往往视真理为自己行动准则的人，才能够取得胜利。

在我们的工作中，或许我们的勤奋努力被老板忽视了，但是，不要灰心，我们的勤奋努力总有一天会被老板看到的，只要你持之以恒，你就会脱颖而出的；那些工作马虎，却能玩弄

各种手段爬上领导岗位的人，虽然可以得到暂时的荣耀，但却必将遭到同事的轻视，也会因此而毁了自己的前程。投机取巧也许会使你一夜暴富，但也会让你付出惨重的代价，使你臭名昭著。而好的名誉是一个人走向成功的加速器，是笔巨大的无形资产。

做"最佳雇员"，掌控事业之船

要做一名优秀的职业人，敬业精神是不可或缺的。那么，什么是敬业呢？顾名思义，就是尊敬并重视自己所从事的职业。把工作当成自己的事业去努力或经营，抱着认真负责、一丝不苟的工作态度，努力克服种种困难去完成自己的工作，做到善始善终。

迈克尔·阿伯拉肖夫在其作品《这是你的船》一书中讲了自己亲身经历的故事：

1997年，迈克尔·阿伯拉肖夫接管"本福尔德"号驱逐舰，当时的情况很糟糕，所有的水兵士气消沉，怨气冲天，他

们都很讨厌在这艘船上待下去，甚至有的想赶快退役，结束这可恶的职业生涯。

面对这种状况，迈克尔·阿伯拉肖夫毅然接收了这艘驱逐舰的指挥权。他相信凭借自己的真诚完全可以扭转局面。果然，两年之后，整艘舰上的氛围焕然一新，所有的官兵上下同心，士气高昂，此时的"本福尔德"号已经成为了美国海军的一艘王牌驱逐舰了。

迈克尔·阿伯拉肖夫是如何做到在短短两年之间就扭转局面的呢？

迈克尔·阿伯拉肖夫在书中这样描述了这件事情：

有一天，他到船上视察，发现有两个船员正在那里聊天，他们放弃手头的工作不做，却在那儿聊天，迈克尔·阿伯拉肖夫有些生气，但是他压住火气，这时他听到其中一个说："这么卖命做什么，我只是个小船员，做得好与坏有什么区别呢？"另一个接着说道："是啊，这艘船又不是我们的，所获得的利润又与我们无关，我们何苦拼命干活儿呢？"

第二天，迈克尔·阿伯拉肖夫就召开了全体会议，在会

上，他说了这样一番话："大家认为这艘船属于谁？"

问题一出，所有人都不明白他究竟想要说什么，大家都不敢发言。这时，迈克尔·阿伯拉肖夫开口了，他说："大家知道吗，这艘船其实属于大家，它不只属于船长，更属于船员，我们共同维护着这艘船，肩负着它的使命，因此，我们就是这条船的主人，我们每一个人都要对自己的船负起责任来。这样，才能共同乘风破浪，面对每一处艰难险阻，共同来战胜困难，向胜利的方向航行。"

公司是我们事业的船，我们每一个人都是这艘船上的船员，共同肩负着船的命运。如果说老板是船长，那么员工就是船员。只有船长而无船员的船是一具空壳，而只有船员而无船长的船则会迷失方向。只有二者配合，才能顺利地在充满危险的大海上航行。所以，每一个人都担负着公司兴旺的使命，只有将自己彻底融入公司，全身心地付出，处处为公司着想，站在公司的角度考虑问题，投入自己的满腔热情，懂得一荣俱荣、一损俱损的道理，才能在公司进步的同时，获得自己的成功，实现双赢。

这从另一个方面也给大家灌输了一种敬业精神。因为每个

人的工作都不只是为了谋生，我们还要通过工作实现自己的人生价值。敬业是把使命感注入到自己的工作当中，敬重自己的职业，并从努力工作中找到人生的意义。从世俗的角度来说，敬业就是敬重自己的职业，将工作当成自己的事，专心致力于事业，千方百计将自己的事办好。其具体表现为忠于职守，尽职尽责，认真负责，一丝不苟，善始善终等职业道德。

在美国，有一家人力资源机构通过调查曾经得出调查结论，美国优秀企业中，50%—60%以上的员工是非常敬业的。该家机构还得出另一个结论，美国企业的员工中，25%的员工是真正敬业的，50%的员工敬业水平一般，而剩下25%的员工是不敬业的，符合正态分布。

但在我们国家，敬业精神的缺乏已经到了非常严重的地步。据翰威特的"最佳雇主"调查结果显示，2003年中国最佳雇主的敬业度是80分，但所有参加调查公司的平均分是50分，两者之间存在着巨大的差距。与2001年调研结果比较，2003年在华公司的员工敬业度分数有了显著的提高。总体来说，参加当年中国区调研的所有公司的员工敬业度得分提高了7%，而最佳雇主公司本身的员工敬业度得分比2001年提高了12%。

需要说明的一点是，在参加翰威特调研的68家中国公司均为外资企业，终获最"最佳雇主"称号的企业都是一些如微软公司、英特尔公司或强生公司等大名鼎鼎的企业。连获"最佳雇主"荣誉的企业的员工敬业度只有80分，可以据此想象出其他的中国公司会是怎样一种情形。

企业员工敬业精神的淡薄是一个不容忽视的问题，根据盖洛普进行的42项调查表明，在大部分公司里，75%的员工不敬业，就是说公司里的多数员工不敬业。研究结果也说明，员工资历越长，越不敬业。平均而言，员工参加工作的第一年最敬业。随着资历加深，他们的敬业度逐步下降，大部分资深员工"人在曹营心在汉"，或"在职退休"。而不敬业的员工会给所在公司带来巨大损失，表现为浪费资源，贻误商机以及收入减少，员工流失，缺勤增加和效率低下等。

敬业能使个人获得事业的成功。一个员工要在事业上取得成功，就要在工作中培养起一种敬业精神。敬业可以发挥力量，帮助你把不可能的事变成可能。

第三章

再努力一点

努力赢得公司的器重

如果我们要在自己的事业上获得成功，要让自己的生活得到改善，那我们在工作和生活中就要对自己的行为负责，就要发挥自己的主观能动性，努力地去做自己应该做的工作。在我们的身边，不乏有许多出身穷苦的人，他们通过自己的不懈奋斗，最终也做出了伟大的事业。像富尔顿、法拉第，还有贝尔，都是这方面的代表。在历史上，也有许多人在树立了自己的奋斗目标之后，坚持不懈，持之以恒，在历尽各种艰难时都永不放弃，最终获得了成功。

我们的工作过程，不仅仅是做那些分内的事情，还要主动

做那些分外的事情。一旦有了这样的想法，在别人看来是非常低俗的工作就会变得有意义，就会调动自己的力量，为了完成自己肩负的工作而努力。

无论我们做什么样的事情，我们都要努力工作。在工作中，无论事情多么小，如果通过努力能够做得比任何人好，我们为什么不去这样做呢？因为通过努力，会让我们在工作和生活中表现得优秀而卓越。我们要牢牢记住，努力工作，应该是每个职场中人应具有的工作态度。

但是，在我们的工作中，又有几个人这样做了呢？在我们的四周，我们听到的声音几乎都是这样的：我干吗要努力工作？老板就给了我那么一丁点儿的工资，我怎么努力工作？给多少钱，就做多少事。努力工作，除非我是傻子。

在我们的工作中，我们要努力拼搏，只有我们努力拼搏，我们才能超越别人。为了实现这个超越，我们每时每刻都必须努力，不管愿不愿意，我们都要努力地工作，只有努力工作，我们才能在完成使命的同时获得尊严。

美国叙事诗人朗费罗说："如果把伟大的诗歌作品比喻成露出水面的桥梁的话，那么诗人静静地研究和学习则是水面之下的桥基。虽然桥基沉没在水面以下看不见，却是更加重要的。"

如果我能勇敢地坚持下去，我最终将会获得胜利，还有令人尊敬的荣誉。只要我肩负责任，并能通过自己的努力去实现我身上所肩负的工作，我就能够走向成功。

在我们的工作环境中，有多少人是在努力工作呢？那些轻易就放弃工作的人，他们不仅放弃了胜利的机会，还放弃了别人的尊敬，更主要地的是放弃了自己的追求。所以说，只有依靠自己的努力工作，才能把握良好的机会。失败者往往都有这样的想法，就是认为他人掌握了自己的发展机会，这显然有失公允。就像橡树的果实包含着未来的橡树一样，个人的人格也孕育着他个人的机遇。

优秀员工要努力工作，要有吃苦精神，现在有些刚刚参加工作的员工，刚到企业里来时工作决心很大，可到最后总有一部分人被淘汰，一部分人成为岗位操作能手。为什么呢？关键是被淘汰的这部分人缺乏一种吃苦的精神。工作确实很辛苦，但美好的生活是靠我们用双手去挣来的。

大部分人都有这样一种想法，在我们的生活中，我们不必去努力地工作，因为一个企业的发展不是靠我一个人能改变的。正是他们有了这种想法，虽然他们能够明白自己的责任，但是坚持不懈地承担下去却不是他们能够做到的。正是因为他

们这样想，结果升迁和奖励永远都不会落在他们的身上。

　　努力工作是一种敬业精神，是对工作的负责，是对既定目标的追求，是鞠躬尽瘁。古语说得好，"只要功夫深，铁杵磨成针。"全身心地投入到工作中去，才能把工作做得出色。

　　一个企业的发展，并不总是一帆风顺的。如果企业领导者希望一件事快速而圆满地完成，就必须要员工的不懈努力，只要员工努力一点、忙碌一点，才能得到满意的结果。所以说，作为一个员工，千万不要让懒惰吞噬你的心灵，如果你永远保持勤奋的工作态度，你就会得到他人的称许和赞扬，就会赢得公司的器重。

每天多做一点

　　每天为公司多做一点，在某种程度上就是为自己负责，因为你为公司多做一点，本身就是一种责任，就是一种工作信念。尽管多做一点本身是一件非常不容易的事情，如果你不坚持这样的信念，就意味着你以往所有的努力将会变得毫无意义。多做一点不是仅指每天不迟到、不早退地做好分内工作，也并非仅把上司或老板交代的任务完成就万事大吉了，而是希望我们要多为公司着想，多做一点分外之事，这样可以为企业创造更大的价值，也给自己的成功创造更多的机会。

　　不要认为每天多做一点工作是多余的辛苦，也不要觉得

那是在浪费时间，这是一种锻炼，是一种很好的体现价值的方式。你可以上班比别人早一点、下班比别人晚一点，将一些自己职责范围以外的事做得和分内工作一样漂亮。每天多做一点点的员工比别人更能引起老板的关注，他们成功的机会也比别人更多，因为他们已经为进一步提升做好了充足的准备。也许很多人认为自己做好分内的工作就足够了，根本没有必要去做自己职责范围以外的事。如果你只想成为一名合格员工，那么做好分内之事的确足够了，但这离卓越员工的标准还差一截，如果你还想继续获得提升，还想获得更大的成功，那就每天为公司多做一点点。

每天为公司多做一点点，这样干的目的并不是想得到更多的报酬，但是，通过你的付出，你通常可以得到很多想象不到的晋升机会和财富。

每天多做一点，实际上是一种极其珍贵、备受看重的职业素养，它能使人变得更加敏捷、更加积极。无论你是管理者，还是普通职员，"每天多做一点"的工作态度能使你从竞争中脱颖而出。你的老板，委托人和顾客会关注你、信赖你，从而使你获得更多的机会，你的事业道路会因此而增加更多亮丽的色彩。你付出的越多，收获的也就越多，这是一条永恒的自然

规律。当然，有可能你的付出不能马上就得到回报，但你不要就此裹足不前，而应该继续努力下去。在你不经意的某个时候，你将有意想不到的收获。而且，不仅是你的老板，有时其他人也会给你相应的回报。

令你自己的地位和能力得到提升的最好办法是多做一点。比如德国的"铁血宰相"俾斯麦，他在德国驻俄使馆工作时，薪资也比较低，但他从未因此放弃努力。在那段时间，他学到了许多外交技巧，磨炼了自己的决策能力，这些都使他受益匪浅。

同样，很多工商大腕刚工作时收入也不高，但他们从未因此而局限自己的目光，而是一以贯之地积极工作。他们认为，重要的是能力、阅历和机遇，而不仅仅是金钱。

在做好分内事情的同时，尽量为公司多做一点，这不但可以表现你勤奋的品德，还可以培养你的工作能力，增强你的生存资本。社会在发展，公司在成长，个人的职责范围也随之扩大。不要总是以"这不是我的工作"为理由来逃避责任。当额外的工作分配到你头上时，不妨视之为一种机遇。

不要说"我必须为公司干点什么"，而要多考虑，"我可以给公司做些什么"。有些人总是这样认为，我只要一心一意把自己的工作做好就行了。但是，对刚刚涉足社会的青年人

来说，仅仅这样是远远不够的。你只有在做得更好之后，才可以获取不一般的成功。也许，你一开始做的是秘书之类最为一般的事情，但是，你心甘情愿在那种职位上干到老吗？做好本职工作是你最基本的职责，但是，你如果要进一步训练你的技能，让老板关注你，那么，你就要再另外做一些不一般的事。你的每一个付出都像活期存款似的，当需要时，它会随时满足你的要求。

想成为一名成功人士，必须树立终身学习的观念。既要学习专业知识，也要不断拓宽自己的知识面，一些看似无关的知识往往会对未来起巨大的作用。而"每天多做一点"则能够给你提供这样的学习机会。

在养成了"每天多做一点的"的好习惯之后，你已经学会了尊重自己的工作。此时，你在工作时会投入自己的全部身心，甚至把它当成自己的私事，无论怎么付出都心甘情愿，并且能够善始善终。如果一个人能这样对待工作，那么一定有一种神奇力量在召唤着他的内心，这就是我们所说的职业道德。如果你能比分内的工作多做一点，那么，不仅能彰显自己勤奋的美德，而且能发展一种超凡的技巧与能力，使自己具有更强大的生存力量，从而摆脱困境。

努力使自己获得新生

在你永不停息地、不惧怕任何挫折和失败，百折不挠地奋斗时，你就会把那些不可一世的困难和挫折踩在脚下，这时你就发现自己是多么的强大，也知道了人是需要奋斗精神的。

在工作和生活中遇到困难是难免的。一般人经过短暂的努力之后会感到很疲倦，然后就想半途而废。其实，自然所赋予人的巨大精力绝不仅止于此。人只要多努力一点，就可以获取这些能量。尽管每天多做一点事情，或许在短时间内可能看不出结果，但只要你坚持不懈，不仅个人的能力会得到提升，同时也是在为随时可能降临的机遇准备能量。聪明的人做这些

的时候不是做给领导看的，他们在自己的努力中不断地积累经验，增加自己知识的容量，这些人永远走在别人的前面。领导的眼睛并没有被什么蒙蔽，他可能看不见别人的努力，但他不可能不知道谁的能力在不断提高，领导的心是明亮的，这些人的努力会得到承认。

从古至今，我们从那些中外伟人的身上，都可以找到某些成功的偶然性，但他们每一个人所体现的才学广博，勤于耕作，又体现了他们成功的必然性。他们的成功之处虽然各有不同，但勤而不怠的努力却是相同的。

佛祖释迦牟尼在众弟子面前一边敲木鱼，一边念经，一段时间后睁开眼看着众弟子问道："弟子们可有谁知道，为什么念佛时要敲木鱼？"

众弟子你看看我，我看看你，没有人能答上来。

佛祖又继续说道："名为敲鱼，实则敲人。"

这时一个弟子问道："那为什么不敲其他物种呢？"

佛祖笑了笑，对众弟子说："鱼儿是世间最勤快的动物，整日睁着眼，四处游动。这么至勤的鱼儿尚要时时敲打，何况懒惰的人呢！"

　　懒惰很有诱惑力，任何人都可能变懒。比如，周六、周日在家休息时躺在床上不想起床；今天能做的事，推到明天去做；吃饭的时候10分钟能吃完，但是你吃了1个小时；自己看不懂的英语单词等着上学后问老师或同学等等。懒惰是人类最难克服的一个敌人，许多本来可以做到的事，都因为一次又一次的懒惰拖延而错过了成功的机会。

　　佛祖释迦牟尼讲的敲打，就是我们现在所讲的鞭策。人一生要勤奋就要不断地鞭策自己，克服懒惰的毛病。

　　惰性在是每个人身上时隐时现的敌人，有很多人无法靠一般的鞭策来调动干劲，因此无法打败惰性，但是我们必须让惰性从身上消亡，否则永远得不到成功。

　　对于命运的主宰能力和程度来说，人在达到一定的发展层面之后，特别是进入了享受上的层次之后，就会开始出现动力上的不足，也就是出现适当的惰性。为此，在这个时候就需要进行"激活"，也就是刺激。要通过强烈有效的刺激，调动与唤醒人的，消除惰性。

　　动力的激发方式因国家、文化而定，中国企业现在的一些做法就有三种模式；第一种是奖励机制。这种奖励机制，又有两种方式，一种是物质方面的刺激，另外一种是精神方面的

刺激。第二种是回报机制。这种机制也就是现在很多公司对销售人员的提成，让你天天有回报，天天有赚头，如果你不去努力，那么你什么也得不到。第三种是嫉妒激法机制。这是一种舆论导向式的东西。这三种模式都可以调动人的积极性，激活人的内在动力，从而可以消除惰性。

永远不变的是尽职尽责

格兰特将军是这样理解自动自发的，他说："自动自发就是主动精神，指的是随时准备把握机会，展现超乎他人要求的积极表现，以及拥有为了完成任务，必要时不惜打破成规的智慧和判断力。"

阿尔伯特·哈伯德在《致加西亚的信》这本书中写有这样一段话："工作是一个包含了诸多智慧、热情、责任、信仰、想象和创造力的词汇。"这句话，我们很好理解。现实生活中，那些卓有成效和积极主动的人，他们总是在工作中付出双倍甚至更多的智慧、热情、责任、信仰、想象和创造力，这就

是他们获取成功的法则。而那些失败者，他们把成功者的法则深深地埋藏起来，所以，他们有的只是逃避、指责和抱怨。

陈晓东是一名出色的助手，刚大学毕业，他就到了一家大公司。在公司里，陈晓东每天都是第一个到公司的员工，也是最晚下班的员工。早上他会把大家桌上的灰尘都擦干净，晚上他又把公司所有的电源都关闭才走。他常常会帮其他同事做一些工作，因为他的工作总是很快地完成，而且非常出色。就这样过去了半年多，陈晓东也从一名普通的员工坐上了总经理助理的位子。

为什么陈晓东能很快得到经理的提升呢？其实原因很简单，陈晓东清楚地知道，工作需要自动自发，所以，他愿意做那些不属于他工作范围内的事，并且认真、仔细地做好。

有多少人都是在固定的时间内上班、下班、领薪水，等着老板交代任务，从来不会主动地工作。当领到的薪水满意时他们高兴，当领到的薪水不能满足他们时，他们会在一边抱怨。在高兴与抱怨过后，他们仍然不去改变自己的工作模式，一样是在固定的时间内上班、下班……他们的工作很可能是死气沉沉没有生气的。这样的人，他们只不过是在"过工作"或"混

工作"而已！

其实每一个老板都非常清楚，那些每天早出晚归的人不一定是认真工作的人，那些每天忙忙碌碌的人不一定是优秀地完成了工作的人，那些每天按时上班、下班的人也不一定是尽职尽责的人。只有那些主动工作的人，在老板的眼中才算是一个认真工作、优秀地完成工作、尽职尽责的员工。

这就是说，一个优秀的员工，不仅要能力强，还要具备一种尽职尽责的精神。什么是尽职尽责呢？所谓尽职尽责就是要有一种强烈的责任感和使命感，就是要为了公司的发展全心地付出。没有尽职尽责的精神，就谈不上干好工作，也谈不上去挑战困境，更谈不上去战胜一切困难。所以说，尽职尽责就是敢于承担责任，敢于积极地适应工作环境，勇于去完成自己所肩负的使命。一个尽职尽责的员工，他是信守自己对公司的忠诚和对工作的敬业，他还能信守一切承诺，会想尽一切办法去完成工作。一个尽职尽责的人就是一个勇于承担责任的人，他会因为所承担的这份责任而使生命更有分量。

尽职尽责是员工的一份工作宣言。这份工作宣言所体现的是你对工作的态度：你要用高度的责任感对待工作，不懈怠工作，对在工作中出现的问题要勇敢地承担，这是一个优秀员工所必须具备的基本条件之一，也是你保证能够有效完成工作的基本条件。

具有尽职尽责精神的人，对工作的态度是我要工作，没有尽职尽责精神的人，对待工作的态度是"我该工作"；具有尽职尽责精神的人，是一个具有坚强毅力的人，是一个让人勇敢，让人知道关怀和理解的人，他们所体现的是在对别人尽职尽责的同时，别人也在为他们承担责任。这就像麦金莱总统在西点军校演讲时，对学员们所说的一样，"比其他事情更重要的是，你们需要尽职尽责地把一件事情做得尽可能完美；与其他有能力做这件事的人相比，如果你能做得更好，那么，你就永远是个好军人"。

无论我们从事什么样的工作，都要具备一种尽职尽责的精神，只有我们具备了这种精神，我们就能勇敢地担负起一切责任，我们就能完成一切应该完成的工作，就能意识到我们所做的一切工作都是有价值的，在我们完成工作的时候，就会获得他人的尊重和敬意。

一个人无论从事什么样的工作，都应该尽职尽责，尽自己最大的努力，求得不断的进步。这不仅是工作的原则，也是人生的原则。尽职尽责不在于工作的类别，而在于做事的人。如

果没有了职责和理想，生命就会变得毫无意义。只要你具备了尽职尽责的精神，你就会产生一种你愿意做好工作的心态，并且你会把工作做得很好。所以，不管从事什么样的工作，平凡也好，令人羡慕也好，都应该尽职尽责，在敬业的基础上取得不断进步。

许多人都会面临这样的困惑：明明自己比他人更有能力，但是成就却远远落后于他人，这是为什么呢？其实就是缺少持之以恒的尽职尽责，这就好像水烧到99华氏度，你想差不多了，不用再烧了，那么，你永远喝不到真正的开水。在这种情况下，99%的努力就等于零。所以说，我们无论做什么工作，都要踏踏实实地工作，要知道，无论做什么工作，都要沉下心来脚踏实地地去做。要知道，你把时间花在什么地方，你就会在什么地方看到成绩——只要你的努力是持之以恒的，你就能够走向成功。

无论我们从事什么职业，都要尽职尽责地去努力完成它。也就是说，如果有事情必须去做，便全身心地投入到工作中去；不论我们现在做着什么样的工作，都要尽心尽力地去做。只有在工作中尽心尽力，才有可能前途畅达。你如果能在工作中找到乐趣，就能在工作中忘记辛劳，得到欢愉，就能找到通

向成功之路的秘诀。只有那些尽职尽责工作的人，才能被赋予更多的使命，才能更容易走向成功。

　　因此，无论我们身处什么样的工作环境中，都不要怕环境的艰苦，如果我们能全身心地投入工作，最后你获得的不仅是经济上的宽裕，还会有人格上的自我完善。

　　不管做什么工作都需要尽职尽责，它对我们日后事业的成败起着决定作用。这就好像一个经营者说："如果你能真正制好一枚别针，应该比你制造出粗陋的蒸汽机赚到的钱更多。"然而，这么多年来，没有多少人领会到这一点。一旦领悟了全力以赴地工作能消除工作的辛劳这一秘诀，你就获得走向成功的大门钥匙了。换言之，就是哪怕你的职业是平凡的，如果你处处抱着尽职尽责的态度去工作，也能获得个人极大的成功。

　　总之，一个能处处以主动尽职的态度去工作的员工，即使从事最平凡的职业也能增添个人的荣耀。

自动地把工作做好

　　每个人都有属于自己的优点与缺点，我们需要认真地考虑自己的优点，确定自己的长处。如果我们能选准适合自己个性特点的工作，那么，我们就会在工作中获取应有的快乐。

　　工作需要自动自发，工作就是需要付出努力，正是为了成就什么获取什么，我们才专注于什么，并在那个方面付出精力。从这个意义上说，工作不是我们为了谋生才去做的事，而是超越了工作主体自身的职能而要去做的事！

　　自动自发地工作，首先是一种态度问题，是一种发自肺腑的爱，一种对工作的爱。他需要你们在工作中热情、努力、

积极主动，只有以这样的责任心对待工作，你们才有可能获取更多的回报。一个人是否拥有责任心，从工作态度上就可以衡量，如果一个人能自动自发地工作，那么，他一定是一个拥有极高责任心的人。

在工作中，成功者与失败者的区别是什么呢？他们的区别就在于成功者能够永远保持一种自动自发的工作态度，为自己的行为负责。成功者知道，只要明白了这个道理，并且以这样的态度来对待工作，工作就不再是一种负担，而是一种让生活充满意义的行为。

在我们所从事的工作中，当我们发现那些需要做的事情，哪怕并不是自己职责范围内的事情时，也就意味着我们发现了超越他人的机会。因为在自动自发地工作背后，就是成功的大门。

当然，我们所强调的自动自发，其实也包含了我们的工作要干一行，爱一行，在工作中必须一心一意，不能三心二意，只有这样，我们才能在工作中脱颖而出。

那些在人生旅途上取得成就的人，一定是在工作中尽自己最大努力的人，他们为了公司的成长，在自己所从事的领域里坚持不懈地努力。这种坚持不懈地努力，不仅应该成为一种

行为准则，更应该成为每个员工必备的职业道德。只有拥有责任与梦想，只有知道如何做好一件事，我们的生命才会大放光彩。也许，目前你依旧处于困苦的环境之中，然而不要怨天尤人，只要你忠诚敬业、努力工作，窘境很快就能摆脱，并在物质上得到满足。通往成功的唯一途径是艰苦奋斗，这是被古今中外的无数成功者所证明了的。

任何一家想在竞争中获得成功的企业，都必须设法使每个员工敬业。如果他们缺少了敬业精神，就会出现许多不良后果，就无法给顾客提供高质量的服务，就难以生产出高质量的产品。无论你从事什么样的行业，你都会给你所在的企业带来严重的损失。所以，你要在这个竞争激烈的社会中取胜，你就必须比别人做得更出色。你想比别人更出色，就要比别人更精通你所从事行业的方方面面。这就是人们常说的"业勤于精，荒于嬉"，而这也就是千古不变的道理。

自动自发是优秀者身上散发出的一种品质，他们不需要别人强迫和要求，自己就会以一种热情洋溢的工作状态面对自己的任务。不论任何环境，他们都能尽自己所能主动做更多的事情。他们在工作中能够把每一个细节都了解清楚，并恪尽职守，把它做得最好，那么，这不仅能为你赢得好的名誉，还可

以为以后的宏伟事业撒下希望的种子。

在某著名商业网站的战略研究部工作的小赵这几天一直闷闷不乐，他身边的同事看他眉头紧锁，就和他开玩笑说："赵先生哪儿都好，就是太不知足了。你也不想想，咱们战略部不像咨询部和销售部，又没有什么硬性指标，薪水甚至比他们拿得还多，该高兴才是啊！"

小赵说："我不是为了薪水想不开，我是在想，我们整天坐在研究室里，除了完成上面派给的任务，就什么事也不做了，老拿不出新创意，我倒是觉得不好意思了！"

"你还有这个想法呀，"小赵的同事说，"现在我们的网站已经是世界著名品牌了，不管是自身条件，还是外在影响力，早都已深入人心了，还上哪里去找创意？你就不要多考虑了，该考虑的问题老板都已经考虑了。"

尽管同事们说得有些道理，但小赵还是暗下决心："一定要让网站在自己的影响下有一个质的飞跃！"

有了这个非同一般的目标后，赵少波更是寝食难安，每日里除了完成公司安排的任务之后，满脑子就都是考虑如何让网站更符合消费者的需求。

一天，他在地铁里获得了一个惊人的发现：如果能够把网络资源与文化产业相结合起来，那网站不是又有新的突破了吗？果真如此，不是既省成本又有较好的收益？

第二天，他马上找到公司领导，对他说："如果我在做战略设计的同时，也能为一些国际化的大公司出版一些图书，该是多么激动人心的事呀！"

公司领导被小赵的创意所感染了，惊喜得高声叫道："好样的，小赵，我们马上就着手这方面的工作，就由你负责好了。"

就这样，小赵不但实现了自身的价值，而且还得到了应有的晋升和奖励。更重要的是，在实现目标的过程中，他得到了从未有过的快乐。

由此我们可以看出，在我们的工作中，很多人都认为自己的工作已经做得非常好了。事实是这样的吗？他们在结束工作的时候，他们应该问一问自己：我是不是把工作做得尽善尽美了，是不是已经把自己的能力发挥到了最大，是不是开发出了自己的最大潜能。实际上，人们往往拥有自己都难以估计的巨大潜能。如果每个人做事的时候，都能够具有一种追求完美的精神，那么他的潜能就能够最大限度地发挥出来。

一位推销员在《我没为什么还没成功》这本书中看到这样一段话"：一生之中最重要的是什么你知道吗？生存一世，我们应该清楚自己的优势是什么，至于别人怎么说怎么认为都不应该太在意，只有把握好自己，看得起自己才是最重要的。每个人都拥有超出自己想象十倍以上的力量。"在这段话的激励下，他决定在销售的过程中检验这段话。于是他对自己以前的工作方式和工作态度进行了反省，结果发现自己总是有许多可以和顾客成交的机会，结果却错过了。为此他感到非常的难过，但他并不是为难过而来反省过去，而是为重新成长，在他发现造成这种结果往往是由于自己准备不充足、心不在焉或者信心不足造成的。于是他对自己制订了严格的行动计划，并在工作中把这些计划付诸实践。两个月后，他发现自己有了很大的进展，他现在的业绩比以前增加了两倍。一年后，他就验证了书中的那段话。又过了几年，他成立了自己的公司，他又开始带领他的同人们在更大的舞台上检验这段话。

当我们能够自动自发地工作时，就能从工作中学到更多的知识，积累更多的经验，就能在全身心投入工作的过程中找到快乐。这种习惯或许不会有立竿见影的效果，但可以肯定的

是，当没有自动自发的意识时，做事结果是可想而知的。工作上投机取巧也许只给你的老板带来一点儿经济损失，但是却可以毁掉你的一生。因此，我们不仅要发挥才能，而且还要追求完美——制定高于他人的标准，并且实现它。

集中精力做一件事

在任何时候都不能看轻自己，也不能认为自己比别人差。要从心底给自己定位，让自己成为一个真正的精英，只有如此，你才能时刻提醒自己、鞭策自己，让自己更加努力。

很多人都有一个梦想，希望有朝一日能够成为独当一面的人才。但如果只是怀揣梦想而没有集中精力做好每一件事的观念，那他肯定是要失败的。对此，我曾向一位优秀员工询问过这样一个问题："你为什么能完成这么多的工作？"他回答："集中精力做好一件事，比对很多事情都懂一点儿皮毛要强得多。正是我奉行了这样的原则，所以我们在某个时间段只集中

精力做一件事，并会集中精力，尽最大的努力把它做好。"

作为一名普通员工，要想在众多同事当中脱颖而出，你必须用心去做老板交给你的每一项任务。工作中无小事，每一件事都值得我们去做，即使是最普通的事，也应该全力以赴，尽职尽责地去完成。能把小任务顺利完成，就有完成大事情的可能。一步一个脚步印地向上攀登，便不会轻易跌落，这也是通过工作获得真正力量的秘诀。

现实生活中，我们的工作都是由一件件小事情组成的。如果我们对本职工作不了解，业务不熟练，但在失败后却反而责怪他人，抱怨社会，这是不应该的。你应该做的是，尽最大的努力精通业务，这实际上并不难，只要你持之以恒地积累。一个员工，要养成把做好身边的每一件小事当成是自己的工作使命的习惯。哪怕是一些小事，你也要想办法把它做好，只有把小事做好了，才能为大的成功奠定坚实的基础。

我们应该明白，做一名优秀的员工就是成功，不论任何职位，不论任何事情，想要做优秀的员工，成功的员工，那就必须从每一件小事做起，把每一件小事都做好。那么，成功也就随之而来。很多人之所以没有成功就是因为没有注意细节，他们认为只要做好大事，小事做错了，不影响大局。我想这是一

个想做优秀员工的人不该存在的态度。

闻名遐迩的世界"七大奇迹"之一的埃及金字塔以其神秘的色彩吸引众人，一直以来很多科学家不断探索，想要找到金字塔的奥秘所在。2007年3月，英国《独立报》报道，一名法国建筑师吉安·皮埃里·胡丁声称揭开了埃及最大金字塔胡夫金字塔的建造过程之谜，可以解释古埃及人在没有铁器、滑轮和车子的情况下是如何修建这么庞大的建筑物。胡夫金字塔总共由大约230万块石灰石和花岗岩垒叠而成，中间不用任何黏合材料。而石块与石块之间吻合得天衣无缝，尽管历经4000多年的风吹雨打，石缝之间都插不进一把锋利的小刀。

他经过八年研究认为在金字塔的外墙里面有一些螺旋形的盘旋而上的斜道，那些组成金字塔的巨石可以沿着这个斜道到达金字塔较高的地方，而且这些斜道今天仍旧存在于金字塔中。迄今为止，很多人在研究为什么重达60吨的巨石能搬运到胡夫金字塔顶端，吉安·皮埃里·胡丁借助先进的计算机软件成功地重现了大个石灰石和那些金字塔巨石一块一块累积在一起最终形成金字塔的三维模拟图像。他计算出如果斜道坡度是7度的话，那么斜道金字塔顶的距离每缩短一点，斜道就要螺旋

式前进1英里远。这样当1吨的巨石沿着斜道上升时10人就可以完成运送任务。而用于修建外部斜道的那些巨石最终又得到了二次回收利用，这些石头最后沿着内部斜道上升而成为组成胡夫墓的建筑材料。

吉安·皮埃里·胡丁的这种结论得到了认同也有人提出了很多质疑，但是，我们能从金字塔对后人的迷惑和众多的推论中看出，当时的古埃及人运用了智慧和力量，而且参与金字塔建筑的每一个人都做好了每一件小事，力求每一个细节的完美，否则金字塔怎么能成为第一大奇观，这就是细节的力量，因为细节决定了成败。而且曾经的世界七大奇观中，如今只有为首的金字塔经受住了岁月千年的考验留存下来。埃及甚至有句谚语说"人类惧怕时间，而时间惧怕金字塔"。

每一个人如果能把每一件小事，每一个细节做到最好，那么他不仅仅能造就成功，而且这种成功能经受住岁月的打磨。任何一个人的成就都是由一些简单的小事组成的，只有把每一件小事都做好，才是最可行的办法。

有的人在不满意自己的工作时，总是有一大堆的理由，他们认为工作太简单，都是具体的小事，简直就是大材小用，他

们不知道把每一件小事做好就是为成功积累一块块的基石。很多人在刚开始接手工作的时候都抱着很多幻想，这种幻想促使他们认真努力，当他们发现原来自己所从事的工作都是一些简单的小事时，他们开始抱怨和不重视，他们认为以自己的才能应该去做更为重要的事情。但是，从老板的角度来说，一个连小事都办不好的员工是不值得信任的，如果小事也办不好，大事更加不放心交给他去完成。试想一下，假如你是老板，一个连一件简单的事情都做不好的员工，你是否会信任他呢？显然不会。要知道，那些能做大事的人，都是能把小事做好、做细的人，每一件小事的完成和积累，就会从量变到质变，也就能逐渐担当起做大事的责任。

专注于做好每一份工作

　　经常回顾一下自己的工作，我们是否把专注当作了我们做事的特质之一？是否认识到了一个不断追求完美的员工是需要专注的？正是有这种追求，才有了事业与人类社会的不断进步。事实上，每个人都可以通过自己的努力促进事业的发展。因为专注的员工会对自己的业务主动提出改善计划。因为在自己的业务方面，你就是专家，即使再优秀的领导也不可能做到样样精通，因此你要钻研自己的业务，经常考虑自己的工作有什么地方可以改善。因为往往业务流程上做一点儿改进就可以增进公司的一大笔利润。

专注的员工，会不断地追求完美。

张先生是一位创业者，他从小就有一个梦想，就是做一个具有影响力的企业家。但是，由于家境贫穷，他就想尽一切办法来改变自己，在云南当地上高中的时候，他就充分体现了一个创业者的潜能，他不仅兼职去做一些工作，而且还为自己将来的发展树立了坚定的目标。在北京经过十多年的积累之后，他有了一点属于自己的资产，他创办了第一个公司。张先生从小对写作就有着非常重的兴趣，在创办公司之后，他也没有忘记发挥自己的特长，从而使公司业务形成了以动漫产品开发为核心竞争力的创意公司，使公司形成了多元化发展，最终使企业成就斐然。

是什么原因使张先生的公司在不到两年的时间内取得如此卓著的成绩呢？答案是张先生那惊人的创造力和不断追求、吃苦耐劳、永不言败、永不放弃的执着精神。

张先生是一个不到黄河不死心的人，一直不断地努力拼搏的精神是他不断走向成功的动力。尤其是在创业环境不断变化的今天，如果你能够专注于自己的职业，把工作中的每个细节都了解清楚并做到最好，那么这不仅能为你赢得好的声誉，还

可以为你以后的事业播下希望的种子。

　　张先生认为，一个企业要充满核心竞争力，就需要具备一种能够比竞争对手更具竞争力的产品，但要提供这样的产品，人的因素更不能忽视，故而，建立一支具备良好素质的团队跟制作产品一样重要。企业要营造出一种环境，使得员工能够畅所欲言，气氛活跃，才能使团队成为一个有机的整体，激发出大家的积极性，为企业贡献力量。

　　张先生无论是在经营公司，还是在产品的开发过程中，他都非常注重细节，尤其是对经营环节中的每一个流程，他都做得非常到位。这也使得张先生所领导的公司能够在该行业中赢得一席之地，并成为动漫产业群体中的一位引领者的原因。

　　"一个人的终身职业，是由他自己决定的。其实，无论在哪个行业都有施展才华的机会，关键要看你以一种什么样的态度来对待自己的工作。"

　　张先生带领着他的团队在文化创意产业方面已经取得了不小的成绩。例如他们开发的一套儿童读物就是一个非常好的产业。他说："在进入这个产业之时，我就不断提醒自己：我

开发的产品是给谁的？我究竟需要的是什么？正是因为我有了这两个问题，从而使我非常清楚，我将带领着我的团队走向哪里，同时我也清楚地认识到我正在创造的东西是什么。而这也是我的团队们进行工作的力量来源。

张先生说，大多数事情都是说起来容易做起来难。虽然任何事情做起来都不容易，但只要具备非凡的能力和克服困难的执着精神，他都会获得成功的。

对此，一家媒体在评价张先生时说：“尽管现在我们不能说张先生成功了，但是，我敢肯定地说，如果他哪一天成功了，那么，他的成功就是源自于他对自己职业的专注和他那种为了成功所突现出的那种惊人的劲头，还有他那种总想把事情做得更好一些的精神。正是他具备了这一特质，无论他做什么，只要有办法改进，总是想精益求精。”

当然，这只是来自于媒体的评价，张先生本人是如何评价自己的呢？他说：“无论我们做任何事情，并不见得我们就具备了超凡的能力，但应该具备一种超凡的心态，只要我们具备了这种超凡的心态，我们就能够积极主动地抓住并创造机遇，

而不是一遇到困难就逃避退缩，为自己寻找借口。如果我们这样做的话，是不可能取得成功的。这时，我们需要的是一种专注，那么，我们如何达到专注呢？这就需要我们对自己的人生进行设计，将精力集中在自己擅长的领域，以便提高个人的竞争力。"

一位有名的成功学家曾经花了十多年的时间研究，发现成功者的成功路径各不相同，但却有一点是相同的，就是扬长避短，发挥自己的长处是成功的最大机会。为此，他建议首先要集中70%的专注力于自己的长处。卓越的成功人士都会把较多的时间专注于他们所擅长的领域，以使自己的潜力能得到更好的发挥。

管理学大师彼得·德鲁克说："人们并不会在事情被搞砸时大惊小怪；倒是会惊颂、惊叹那些偶然做出的美好、正确的事。能力不足是极为正常的，每个人的长处都只在某个方面。正如从来没有人议论过为什么伟大的小提琴家贾·海菲兹不会吹喇叭一样。"

想成功，首先应该专注于自己的长处，并努力培养它，这才是自己时间、精力和资源投资的正确方向。

其次，要用25%的专注力学习新事物。要精益求精，就必

须不断改变自己。学会改变自己才能成长、才会进步，这意味着你必须跳出自己原来的模式，去学习新事物，在长处上不断追求进步会使你很快成为一名领导人才。

再次，用5%的专注力避免个人弱点。没有人能改变自己的弱点，关键是如何尽量避免。

这一理论用在管理实践中就可以避开传统人力资源管理的两个误区：一是认为经过足够的培训，所有人都可以胜任同一岗位；二是认为克服个人的弱点是他获得进步的最大机会。

根据这一理论，现在的管理者和员工要注意发现自己的长处，并集中精力使用自己的长处，使它成为自己得天独厚的优势。

假如你是一名员工，"产值"极高，但文件管理一团糟，你想怎样进一步提高效率？

你先要了解为什么自己不善于管理文件？是刚来不久，还是不明白方法？你可以在这方面接受一些必要的培训或者请教有效率的同事。如果还不行的话，说明你缺乏管理文件的才干，应该另外寻找一种解决方案；稍微控制一下自己不善行政的弱点，转而全力以赴抓业绩。

再如，假如你现在是一名经理，手下有两个部门职位空缺：一个绩效高的部门，一个绩效不太好的部门，但均有潜力

可挖。你手上恰好有两名经理，一位具备一流的管理才干，另一位是平庸之辈，你会如何分派呢？

优秀的领导会帮助团队管理者达到更高层次、扩展团队的能力、给予团队力量，让更多的人取得成功。在他们看来，如果他们帮助其他人取得了成功，也会让自己变得更优秀，这不仅是为了自己的利益，也是因为唯有如此，才能帮助别人。这就是说，你不可能给予别人自己没有的东西。如果你想让别人更好，必须以身作则，不能踌躇不前；如果你想增强团队成功的能力，就让自己变得更优秀吧！

第四章

成功离不开勤奋

成功源于勤奋

我们不可能一步登天，成功是靠一步一个脚印走出来的，是经过长年累月的行动与付出累积起来的。虽然，任何人都会有所行动，但成功者却是每天都多做一点，多付出一点，所以他们比别人更早成功。

亚历山大·汉密尔顿是美国最伟大的政治家，他曾经说过："有时候人们觉得我的成功是因为自己的天赋，但据我所知，所谓的天赋不过就是努力工作而已。"

美国杰出政治家丹尼尔·韦伯斯特在他70岁生日谈起成功的秘密时也说："努力工作使我取得了现在的成就。在我的一

生中，从来还没有哪一天不在勤奋地工作。"

　　在工作中，只有自己不断地提醒，要努力干，才能得到自己所想要的。《新职业观》一书中有这样一段话："在所有对职业精神的诠释中，勤奋是最被推崇、最为重要的职业精神的表现之一。勤奋是由于使命感，感到在短暂的有生日子里去尽快实现自己的理想、尽快地完成人生的使命，对于时间的一种紧迫感，根植于对生命信仰的承诺与兑现。"

　　如果我们要使自己的生命过得非常的有意义、有价值，就需要通过勤奋劳作来实现。民族要振兴、国家要强盛，就必然要有众多勤劳并做出了突出贡献的人。

　　一个具有使命感的人，必是一个非常勤奋的人。他永远像是被人催促一样，非常急于尽快地完成工作，尽管他们也不明白将来会是什么样子，但有一点可以令他们始终相信：非凡的才能，不管人们怎样把它归结为天才、兴趣或老天的恩赐，都是可能通过后天的努力获得的。

　　如果想做一个不同凡响的人，就必须投身于自己的工作，不管愿意不愿意，早晨、中午和晚上都得如此，没有任何的休息娱乐时间，只有十分艰辛的劳动。如果自己有天才，通过勤奋会使自己如虎添翼；如果没有天才，通过勤奋也将使自己赢

得一切。懒惰的人花费很多精力来逃避工作，却不愿花相同的精力努力完成工作。他们以为自己骗得过老板，其实，他们愚弄的只是自己。他们最终会被解雇和降级，而升迁和奖励是不会落在懒惰投机的人身上的。

一位曾经出版过多部著作的作家小时候生活在云南边陲的山区里，为了获得大量的知识，他通常要步行30公里到市里的图书馆去博览群书。有一次，他看到了一本自己非常喜欢的书，但那本书需要花大量的时间才能看完，于是他找到图书馆馆长，并请求图书馆馆长把那本书卖给他。图书馆馆长看着这个长得土头土脑、头发蓬乱、衣衫不整的农村孩子，感到非常的奇怪，想从图书馆把书买走，自从我任这个图书馆馆长以来，还是第一个向我提出这样要求的人，于是，图书馆馆长和工作人员就开始嘲弄他，并说道："如果你真想要这本书，那就你为我们在门前值一天的班。"这时进来一位大学教授，当他知道这个孩子的要求后说："这样吧，如果你能背出《古文观止》里的三篇文章，并能翻译成白话文，我就把我家里收藏的《古文观止》送给你。"人们惊讶地看到，这孩子从容自若地背诵了《古文观止》里的三篇文章，然后并用口把他翻译

成了白话文。教授见此情景感到非常高兴，于是就把他带回了家，在送给他《古文观止》的同时，并送给他一套《莎士比亚全集》。之后，他用课余时间在阅读完《古文观止》的同时，也阅读了《莎士比亚全集》，为他的日后创作打下了坚实的基础。

　　一个勤奋的人，总会走向成功的。正如一位成功人士说，"懒惰的人不是天生的，因为正常人都希望有事可做，就像大病初愈的人总是希望四处走走，做点事情。我不知道，有谁能够不经过勤奋工作而获得成功。怠慢会导致无所事事，无所事事会引发懒惰。勤奋可以引导兴趣，进而形成热情和上进心"。

勤于寻找巧干的门路

　　成功永远属于那些富有奋斗精神的人，而不是那些一味等待机会的人。应该牢记，良好的机会完全在于自己的创造。如果认为个人发展机会掌握在他人手中，那么他一定会失败。机会包含于每个人的人格之中，正如未来的橡树包含在橡树的果实里一样。

　　勤奋有助于成功，勤奋可以取得成功，但勤奋并不意味着我们的事业就能够取得成功。尤其是在科学发达的现代社会里，如果我们不努力学习，通过学习来摆脱盲目性，增加科学性，从而使自己的知识成果与时代同步，尽管我们勤奋，但要打开成功的大门，步入事业的巅峰那是非常困难的。

　　有一个经常失业的人，他为人忠厚老实，从不逃避工作。

他渴望工作，却总是失业。尽管他努力地去求职，结果总是失败，这是什么原因造成的呢？回顾以前的工作经历，哪怕他在此之前做过许多的工作，但总是觉得负担太重而逃避，而造成这负担过重的原因，就是他的能力不能与他所从事的工作相一致。所以说，为了我们的工作快乐，我们既要保持自己勤奋不懈的好作风，又要研究生活中的新事物，勤于寻找巧干的门路，勤于选择一个最佳的突破口，使成功早日来临。

在我们的工作中，如果一个员工对工作持厌弃、冷淡的态度，那么，他的结果就会像前一只青蛙一样，他的人生必定失败。所以我认为，成功者的秘诀在于真诚、乐观和执着，而不是对工作的厌弃与冷淡。不管工作如何卑微，我们都应该充满激情地去工作，只有这样，我们才能摆脱卑俗的境地，使厌恶感烟消云散。

勤奋是一种重要的美德。丹麦童话作家安徒生家道贫寒。他曾想当演员，剧团经理嫌他太瘦；他又去拜访一位舞蹈家，结果被奚落一番，轰了出来。他流浪街头，以顽强的毅力刻苦学习，终于成为世界著名的童话作家。

高尔基的童年，也并未表现出某种天才的特质。开始他想当演员，报考未被看中。他偷偷地学习写诗，把写的一大本诗稿送给柯洛连科审阅，这位作家看了他的诗稿后说："我觉得

你的诗很难懂。"高尔基伤心地把稿子烧了。在以后漫长的浪迹生活中，他发愤读书，不断积累社会阅历和人生经验，终于成为蜚声文坛的文豪。

安徒生和高尔基成长的道路说明，艺术才能有极大的可塑性。在他们看来，勤奋努力如同一杯浓茶，比成功的美酒更于人有益。这正如《我们为什么还没成功》这本书里所说："一个人，如果毕生能坚持勤奋努力，本身就是一种了不起的成功，它使一个人精神上焕发出来的光彩，绝非胸前的一排奖章所能比拟。"

我们成长的非智力因素方面较多。有的表现为社会责任感，理想和志向顺应时代潮流；有的表现为个人心理和人格特征，如有志气，有恒心，有毅力，不自卑，在成绩面前永不止步；还有的表现为人生道路上的机遇。

名人的成长道路没有一个是一帆风顺的，他们在成长的道路上，都曾付出了艰辛的努力。在文艺和科学上卓有成就的人，并非都是智力优秀者。这与其本人主观上的艰苦奋斗，克服困难是分不开的。在成长的道路上，重要的是对自己的学识、才能、特点有清醒的自我意识，努力争取主客观默然契合。实践告诉我们，成功永远垂青那些为理想付出了心血的实干家。

像罗马人一样勤奋

　　古罗马皇帝在临终前说："让我们勤奋工作！"在他留这句遗言的时候，所有的士兵都聚集在他的周围。

　　罗马人正是有了勤奋与功绩的伟大箴言，才使他们在征服全世界的过程中，无坚不摧，这也是他们取得胜利的秘诀所在。在他们取得胜利后，士兵都要回到家乡去从事农业生产。在当时的罗马人看来，从事农业生产是一件伟大而受人尊敬的工作，这也就是为什么罗马人被称为"优秀的农业家"的原因所在。正是罗马人具备了如此勤劳的品质，才使整个国家变得富强起来。

　　为什么后来罗马又开始走下坡路了呢？其原因就是当他

们取得大量的财富后，奴隶数量开始日益增多，这时候，罗马人开始不再勤劳，不再劳动，这就是整个国家开始走下坡路的原因。就因为罗马人蔑视劳动，结果就导致犯罪横行、腐败滋生，一个有着崇高精神的民族变得声名狼藉了。

对自己松懈是可悲的。凭着过去的荣誉、成功、才华和能力，如果在今天不继续努力，继续发挥，乘胜追击，本来可以夺取更高的荣誉，获得更大的成功，拥有更加辉煌的人生，但有些人却因目光浅薄、故步自封，停滞不前，结果丧失了所有的可能性。

成功也可能成为勤奋的坟墓。勤奋如果不是抱有远大的目标，那就很难持之以恒，不是因挫折而怠惰，就是因成功而松懈。难怪萧伯纳要说："人生有两出悲剧：一出是万念俱灰；另一出是踌躇满志。"这两种悲剧，都会导致勤奋努力的中止。

在我们的身边不乏这样的人，在很多人的眼里，他们能够成功，并且能够成为一个受人尊敬的英雄，但是，他们并没有成为真正的英雄。原因何在呢？原因在于他们没有付出与成功的同等重要代价。他们希望到达辉煌的巅峰，但不希望越过那些艰难的阶梯；他们渴望赢得胜利，但不希望参加战斗；他们希望一切都一帆风顺，而不愿意去面对困难；他们渴望有一个好的工作，但他们却想尽一切办法来逃避工作，不愿花相同的精力努力完成工作。他们以为骗得过老板，其实，这种做法完全是在愚弄自己。勤奋真的很难吗？不，勤奋不是天生的，而是培养出来的习惯。即使我们有了坏习惯，我们只要改掉自己好逸恶劳的恶习，努力去寻找一份力所能及的工作，窘迫的生活境况就能逐渐改变。

再看看那些具有自知之明的人，他们总是对成功淡然处之，他们生怕成功妨碍了自己继续前进。他们总是让自己的生活过得不是太安逸，他们始终保持勤奋进取的精神境界。居里夫人获得诺贝尔奖之后，照样钻进实验室里埋头苦干，而把代表荣誉与成功的奖章丢给小女儿当玩具。实际上，她和许多著名科学家都有同感：人生最美妙的时刻是在勤奋努力和艰苦探索之中，而不是在摆庆功宴席的豪华大厅里。

所以说，我们无论身处何地，都要持勤奋的工作状态。通过我们的努力，获得他人的认可和称赞。只有这样，我们才会脱颖而出，才能掌握成功的机会。如果我们做到了这一点，我们就是一个勤奋的人。

碌碌无为难以成功

　　比尔·盖茨曾经说过："公司员工应该具备勤奋的美德，无论在什么情况下，都不能不勤劳苦干，而去等待好运的降临。勤奋并不仅仅是指体力的投入，还包括脑力和感情的投入。"在我们生存的环境中，没有哪一个人是不经过勤奋而走向成功的。如果一个人怕吃苦、图安逸，是做不成什么大事的，试想想，哪位杰出人物不是通过自己的勤奋才走向成功的。

　　比尔·盖茨天资聪慧，但他的成功是与勤奋工作分不开的，他是个典型的工作狂，工作起来没日没夜，平均一天要工作十多个小时，有时半个月都待在电脑房里不出来。不工作

的时候，他就像一个黑洞吸收光线那样大量吸收信息。正是比尔·盖茨的这种勤奋精神，才为他打造出了"盖茨神话"。

米开朗琪罗在评价拉斐尔时说："拉斐尔是有史以来最美丽的灵魂之一，正是他的勤奋，他才有了更多的成就，他所取得的一切，不仅仅是他的天才。"拉斐尔的确是个了不起的天才，他终年38岁，但竟留下了287幅油画作品，500多张素描。其中一些绘画每一张都价值连城。在这位艺术家去世的时候，整个罗马为之悲痛不已，罗马教皇利奥十世为之哭泣。在拉斐尔活着的时候，曾经有人问起他是如何创造出数量如此之多的奇迹一般完美的作品时，他回答说："我在很小的时候就养成一个习惯，那就是从不要忽视任何事情。"对那些懒惰散漫、游手好闲的年轻人来说，这是个多好的忠告啊！

松下幸之助，是日本松下电器公司的老板，在他当学徒的七年当中，在老板教导之下，勤勉好学，从而为日后松下电器的壮大奠定了基础。正是他在这七年当中养成了勤奋好学的习惯，在他日后领导松下发展的过程中，当别人把工作看成是一种负担，一种受罪时，他则视工作为快乐。在他的一生中，松下幸之助始终一贯地勤勉工作，他把这一习惯称为终身不会失去的财富。

　　在我们的工作中，有很多人整天碌碌无为，他们就像寓言中的守株待兔的人，他们希望不通过自己的劳动就能得到一只兔子，但此后他就再也没有得到半只兔子。实际情况是怎样的呢？在我们的生活中，我们要知道坐等什么事情发生就好像等着月光变成银子一样渺茫。希望在宇宙中发生奇迹，能够取代自然法则的作用，那是不可实现的妄想。我们不要指望不劳而获的成功。

　　一位卓越的实业家在阐述自己的成功之道时，特别提到他的座右铭："勤奋地工作，刻苦努力地钻研，比黄金还宝贵。"他告诉大家："我之所以有今天的成就，全在于这几十年中，在工作上遵从'勤奋'二字所致。我持之以恒地勤奋下去，所以我成功了。"

　　无论做什么事，贪图安逸将会使人堕落，无所事事会令人蜕化，只有勤奋工作才是最高尚的，才能给人带来真正的幸福和乐趣。世界上的事情没有什么比厌恶自己的工作更糟糕的了。只要我们认识到了这一点，即使受环境所迫，我们不得不去做一些单调乏味的工作，但我们也要调整自己的心态，让自己主动去适应，只有这样，我们的工作才会充满乐趣。如果要在工作中获得良好的效果，就应该以这样的态度投入到工作中去。

勤奋促使人们成功

　　我们不要总是责怪命运的盲目性，其实命运本身远不如人那么具有盲目性。天道酬勤，财富掌握在那些勤勤恳恳工作的人手中。人类历史的研究表明，在获得巨大财富的过程中，一些最普通的品格，如公共意识、注意力、专心致志、持之以恒等，往往起着很大的作用。

　　那些渴望不劳而获的人经常抱怨，自己竟然没有能力让自己过上幸福的生活，没有让家人衣食无忧；勤奋的人会说："懒惰会吞噬人的心灵，使心灵中对那些勤奋之人充满了嫉妒。我也许没有什么特别的才能，但我能够拼命干活儿以改善

自己和家人的生活。"

　　事实上，在工作中，没有人天生来就成为懒人的。他们变懒，是受其自身的环境和思维所影响的，他们把渴望过上一种安逸的生活，将无所事事看成是人生最大的乐趣。在工作中，他们抱怨自己的老板太苛刻了，认为根本不值得如此勤奋地为他工作。他们忽略了这样一个道理：工作时虚度光阴会伤害你的雇主，其实受伤害更深的是你自己。一些人花费很多精力来逃避工作，却不愿花相同的精力来努力完成工作。他们以为自己骗得过老板，其实，他们愚弄的只是自己。老板或许并不了解每个员工的表现或熟知每一份工作的细节，但是一位优秀的管理者很清楚，努力最终带来的结果是什么。可以肯定的是，升迁和奖励是不会落在玩世不恭的人身上的。

　　人的一生是非常短暂的，如果我们永远保持勤奋的工作态度，就会得到他人的称许和赞扬，就会赢得老板的器重，同时也会获取自信，让我们在工作中敢于挑战一切困难，并且在工作中找到乐趣。

　　如果我们在工作中如愿以偿地得到了乐趣，就要好好地享受工作给我们带来的快乐。如果觉得工作压力日益增大，我们也不要担心、不要忧虑，我们要调整自己日益紧张的情绪，在

工作中找到自己的兴趣，并找到自己的快乐。如果我们在工作中体会不到乐趣，就不会有成就感，这样对我们职业升迁是非常不利的。

生命的弓弦应该是紧绷的。生命不息、奋斗不止，应该是每个人生存的原因。在很多大公司里，他们的员工虽然受过职业训练，知识广博，薪水不菲，有着令人羡慕的职位，但他们往往并不愉快！他们孤独、紧张、未老先衰，无论是身体健康还是心理健康，都令人担忧。他们的工作往往是为了生存，因而也就常常视工作如累赘。

还有就是一些思想贫乏的人、愚蠢的人和慵懒怠惰的人，他们往往重事物的表象，无法看透事物的本质。他们只相信运气、机缘、天命之类的东西。看到人家发财了，他们就会说："那是天分"。发现有人德高望重、影响广泛，他们就说："那是机缘。"而自己却没有认识到，战胜了惰性，便是战胜了自己，而后，才会拥有成功与幸福。

他们不相信成功人士所经历的磨难，他们也不曾相信成功者所付出的努力，他们不相信成功者不在实现理想过程中经受的考验与挫折，他们也不相信不付出不懈地努力，没有克服重重困难的勇气，是根本无法实现自己的梦想的。

　　正是他们有了这么多的不相信，他们在年轻时候不会珍惜机会，即使是如愿以偿、梦想成真，可以无所事事地生活，但这个他早就渴望的幸福，在他的眼里还是一枚苦果。

　　也许你以为自己一切都够了，何必永不知足、贪得无厌呢？干了前半辈子就此止步，下半辈子轻轻松松、快快乐乐，岂不是很好吗？所以我们能在工作中精益求精，满怀热忱，无论干什么，我们都不会觉得辛苦，那我们就会快乐无穷。只要我们以最热忱的态度去做最平凡的工作，我们就会把工作当成一种乐趣来对待；如果我们以最冷淡的态度去做最不平凡的工作，就会把工作当成是一种负担，那如何还会有快乐可言。所以说，行行有机会，行行出状元，我们没有任何理由藐视任何一项工作。

战胜惰性

我们无论面对什么事情都要战胜惰性，采取立即行动的态度去对待。在成功者们看来，勤奋就如同原始人的钻木取火一样，只要用一根木头猛钻木板，就能产生火种一样，而这个产生火种的过程，其实就是一个不断努力打磨的过程。有的原始人耐不住了，可能扔下木头，吃生肉去了，最终仍为兽。有的原始人坚持不懈，于是木头终于起火，带来了火的文明，勤劳者吃上熟食，最终进化为人。

在我们的工作中，有的人工作到一定程度就放弃了，他们认为无论怎样努力也是不会出结果的，于是他们对任何事情

都采取麻木不仁的心态来对待，大有事不关己，高高挂起的样子。事实上，这是一种对懒惰的认同，也是一种推诿责任的做法，它会让你走向堕落，它同样能使你成为一个情绪沮丧、步履缓慢，两眼无神，悲观失望的人。尽管你嘴中时常念叨成功，但就是不能成功，因为你不愿付诸行动，也不知怎么行动。一个懒惰不知勤奋的人，原本就是没有目标的人，如何行动呢？

一位心怀大志的人，尽管他出身卑微，他在走向成功的旅途中，遇到了种种艰难险阻，但他以顽强的意志，勤奋学习、努力奋斗、锲而不舍，最终获得了成功。他的勤奋精神，在某种程度上可以与林肯相提并论。

林肯成长于艰苦的环境中，只受过一年的学校教育，但他却通过自己的努力奋斗，最终成为美国历史上最伟大的总统之一。

林肯在幼年的时代，生活条件非常艰苦，他居住的是一所极其简陋的茅草屋，这座茅草屋没有窗户，也没有地板，如果用那个时代的人的居住条件来对比的话，林肯居住的地方简直就是生活在荒郊野外。更糟糕的是，他居住的地方离学校非常远，他每天要走二三十里路去上学。为了能弄到几本参考书，

他不惜徒步一二百里路。晚上，他只能靠着木柴燃烧发出的微弱火光来阅读……

正是林肯具备了这种勤奋的精神，才使他走向了成功。和那些懒惰的人比起来，懈怠会引起无聊，无聊也会导致懒散。相反，工作可以引发兴趣，兴趣则促成热忱和进取心。我们只有勤奋努力，并树立了自己的奋斗目标，才能全力以赴地付诸行动，从而使自己走向成功！

世界上没有免费的午餐，任何人都要经过努力才能有所收获。只有努力奋斗，才能走上成功之路。没有人能只依靠天分成功，只有通过自己的努力才能走向人生的巅峰。如果你永远保持勤奋的工作态度，你就会得到他人的称许和赞扬，就会赢得老板的器重，同时也会获得更多升迁和奖励的机会。

工作需要勤奋

在古罗马有两座圣殿，这两座圣殿在安排座位时有一个顺序，安排在前面的是苦难、奋斗、拼搏和兴趣等，最后的座位则是勤奋，这说明人们必须通过前面的座位，才能到达后面的勤奋的座位。在罗马人看来，勤奋是他们通往荣誉圣殿的必经之路，一个好逸恶劳的人是不能走向挂满荣誉的殿堂的。

很多成功者就是靠勤奋成功的。巴尔扎克开始写成了诗体悲剧《克伦威尔》和十几篇小说，却无人问津，只好放弃文学。他再次拿起笔来已是29岁之后。他以每日伏案工作十小时以上的惊人毅力，完成一部又一部巨著。在我们的工作中，只

有自己不断地努力苦干，才能得到自己所想要的。如果在工作中你能通过自己的勤奋给公司带来业绩的提升和利润的增长，你就能够获得上司的青睐。

当你为公司提升业绩和创造利润时，其实你和老板是一个双赢的过程，为什么这样说呢？因为勤奋不只是为老板负责，更重要的是对自己负责。试想，一个公司不大可能因为你一个人的懒惰而一败涂地，但是因为你个人的懒惰，你可能一辈子都会一事无成。所以，你用不着抱怨，更不用自怨自艾，你需要做的仅仅是勤奋地工作。

能否勤奋工作与一个人的品行修养有一定的关系，一个人的品性是他多年行为习惯的积累。行为重复多次就会变得不由自主，似乎不费吹灰之力就可以无意识地、反复做同样的事情，最后不这样做已经不可能了，于是形成了人的品性。因此，个人的品性受思维习惯与成长经历的影响，他在人生中可以作出不同的努力，作出善或恶的选择，最终决定一生品性的好坏。

无论是在我们的工作中，还是生活中，我们都要认识到一些卓有成就的名人的做法和说法应该引起我们的反思，他们的做法和说法能够对我们起到启示作用。我国著名数学家华罗庚

说："我不否认人有天资的差别，但根本的问题是勤奋。我小时候念书时，家里人说我笨，老师也说我没有学数学的才能。这对我来说，不是坏事，反而是好事，我知道自己不行，就更加努力。经常反问自己：'我努力得够不够？'"

著名数学家陈景润，为了摘取"数学皇冠上的明珠"，解决"歌德巴赫猜想"，坚持每天在五点钟起床学外语，每天去图书馆，沉浸在数学符号的海洋之中。有一天中午，图书管理员曾大声喊叫，问馆内是否还有人，但全神贯注看书的陈景润什么也没听见，被反锁在图书馆内。等他出来时，望着那紧锁的大门，他毫不在意地笑了一下，不知疲倦地又回了书堆中，他就这样刻苦攻读，潜心钻研，演算纸就有几麻袋，终于解决了"歌德巴赫猜想"，摘取了数学上的这一"皇冠的明珠"。

总而言之，一个人要想成功，必须勤奋，如果一个人没有意识到这一点，他无论是在工作，还是在追求自我成功时，都会走很多的弯路。刚开始的时候，无论他是多么的充满信心，但过不了多久，他就会在激烈的竞争中被淘汰。所以说，享受生活固然没错，但你在享受生活的过程中也要认识到这个世界变化太快，如果你不努力工作，哪怕你今天有着一份心满意足、得心应手的工作，也许明天一觉醒来却发现那份工作已经

不属于你了，有比你更加勤奋、更加优秀的人替代了，你已经没有能力做那份工作，也能根本不再拥有那个工作岗位了。一位有头脑、有智慧的职业人士绝不会错过任何一个可以使自己能力得以提高、才华得以展示的工作机会。尽管这些工作可能薪水微薄，可能辛苦而艰难，但它对意志的磨炼，对我们坚韧性格的培养都是极有价值的。所以，人们在从事今天工作的同时，还得为明天将要面对的竞争、挑战、淘汰做好准备。而这个准备就是要正确地认识自己的工作，勤勤恳恳地努力去做，这才是对自己负责的表现。

　　常言说，一天之计在于晨，一年之计在于春，一生之计在于勤。如果一个人没有了勤奋，就没有了一切，那些在困境中成长起来的成功人士，他们的成功都不缺乏勤奋和勇敢。

　　打开《世界名人辞典》，哪一个名人不是通过勤勤恳恳地付出汗水才获得成功的？他们的成功，靠的是勤奋，靠的是刻苦学习，刻苦钻研，不断探索，反复实践。

　　美国的科学家爱迪生，他研究电灯历时十余年，先后选用了6000种不同物质做灯丝实验。一生之中的发明有1100项之多。他说："天才是百分之一的灵感，加上百分之九十九的汗水。"

　　罗伯特·皮尔是一位以辩才出名的成功人士，正是他养成了

反复训练、不断实践这种看似平凡、实则伟大的品格，才成了英国参议院中杰出、辉煌的人物。童年的时候，他的父亲就尽可能地让他背诵一些周日训诫。刚开始的时候，皮尔看起来并没有多大进展，但天长日久，滴水穿石，最后他能逐字逐句地背诵全部训诫内容。后来在议会中，他以其无与伦比的演讲艺术驳倒他的论敌。但几乎没有人能猜测到，他在论辩中表现出来的惊人记忆力，正是他父亲以前严格训练的结果。

　　"勤奋是金"，这是多么富有哲理的话呀！芭蕾舞演员在她们各自的舞台上拼搏着。一个芭蕾舞演员为了练就一身绝技，她们流了许多的汗水，饱尝了许多的苦头，最后才获得了舞台上的精彩，但我们可曾想过，她们在舞台上所表演的一招一式，都是经过她们在台下反复练习的结果。著名芭蕾舞演员泰祺妮每次在准备夜晚演出之前，她都要接受她父亲两个小时的严格训练。每当严训结束时，她都是是筋疲力尽！她想躺下，但又不能脱下衣服，只能用海绵擦洗一下，借以恢复精力。舞台上那灵巧如燕的舞步，往往令人心旷神怡，但这又来得何其艰难！台上一分钟，台下十年功！

　　哈默成功的秘诀是什么，他的秘诀就是努力工作，在他90多岁时，他仍坚持每天工作十多个小时，他说："幸运看来只

会降临到每天工作14小时，每周工作7天的那个人头上。"哈默
是这么说的，也是这么做的。巴菲特也认为一个人一旦养成了
一种不畏劳苦、敢于拼搏、锲而不舍、坚持到底的劳动习惯，
则无论干什么事，都能在竞争中立于不败之地。古人云"勤能
补拙是良训"，讲的也就是这个道理。

第五章

坚持不懈

坚持的力量

不能成为优秀员工的人往往认为自己遇到的困难太大又过多，以至于根本无法克服。实际上，困难是通往成功的必由之路，也是人的试金石。不经历苦难并将其克服就没有伟大事业的实现，也不会有个人的成功。其实，困难并不可怕，只要我们能够坚持下去，我们就能够取得成功。

在美国，有一个著名的女主播叫莎利拉斐尔，她所主持的节目在美国、加拿大和英国每天都有800万观众收看。她很早就立志于播音事业，但是当她谈起她刚进入这个行业时的经历却是慨叹不已。当时美国的许多无线电台都觉得女性不适合做播

音主持，也不能吸引听众，因此没有雇用她。

当然，莎利拉斐尔并没有放弃，在经过一段时间的努力后，她又在纽约的一家电台找到了工作，但不久就被辞退了，老板辞退她的理由是说她赶不上时代，在这次被解雇之后，她又失业了一年多。

不过，老天对每一个人都是公平的，有一天，她向一家广播公司的员工谈起她的清谈节目构想。"我相信公司会有兴趣。"那人说，但此人不久就离开了国家广播公司。后来，她碰到该电台的另一位职员，再度提出她的构想。此人也说这是个好主意，但不久此人也去无踪影。最后她说服第三位职员雇用她。这个人虽然答应了，但提出要她在政治台主持节目。

但是，莎利接斐尔由于考虑对自己对政治所知不多，恐怕难以成功，心里未免有了很多的担心。然而，在一些好心人的热情鼓励下，她决定尝试一下。第二年夏天，她的节目终于开播。由于对广播早已驾轻就熟，她便利用她的长处和平易近人的风格，大谈她对7月4日美国国庆的感受，又请听众打电话谈他们的感受。

在听众们听完莎利拉斐尔的节目后，他们立刻对这个节目产生兴趣，最终使她主持的节目一时之间成为最受欢迎的一档栏目。她通过自己的勤奋，战胜了多次挫折带给她的压力而一举成名，两度获奖。

无论我们面对什么样的困难，只要我们能够坚持不懈，我们就能够成功。只有我们用坚持不懈的精神去面对困难，才能增强克服困难的勇气，保持坚忍不拔的品质，最终战胜重重困难，攀登事业的高峰。

坚持的力量，在面对困难的时候尤为珍贵，它不仅能强心振魄，还能威慑死神；它不仅能驱赶迷惘，还能坚定信心。其实，我们每个人一生的奔波行走中，都避免不了遭遇厄运，会有迷失方向的时候，会有遭遇风险的时候，这虽然不是命运的定数，但却是生命的无奈。每每这时，一种坚持的定力，对于任何人都非常重要。只有坚持，我们才能克服困难，才能冲破黑暗，冲破命运的重围，走向新生。也只有坚持，我们才能给心一个安慰，让其相信在时间面前，一切困难都是暂时的。

培养持久的韧性

　　看看那些在工作中取得不凡成绩的员工，他们都在工作中培养了坚忍不拔的精神。同样地，看看那些取得非凡成绩的成功者，他们同样具有坚忍不拔的精神，他们的作品并不是凭借着天才的灵感一蹴而就的，往往是经过精心细致的雕琢和反反复复的修改，直到最后把一切不完美的痕迹都除掉，人们才领略到艺术的高贵典雅。

　　古罗马的大诗人维吉尔的传世之作《埃涅阿斯纪》是用了21年时间才完成的。牛顿在剑桥大学30年里，常常每天坚持工作十六七个小时之久，是常人难以想象的。俄国大文豪列

夫·托尔斯泰的作品《安娜·卡列尼娜》用了整整8年的时间反复构思、反复修改，最终才把一部关于家庭私生活的小说改编成了一部具有鲜明时代特征的社会小说。亚当·斯密写作《国富论》用了10年时间，孟德斯鸠写作《论法的精神》用了整整25年的时间，司马迁写《史记》花了15年，司马光写《资治通鉴》花了19年，达尔文写《物种起源》花了20年，李时珍写《本草纲目》花了27年，马克思写《资本论》花了40年，歌德写《浮士德》花了60年。这些名垂青史的伟人，有哪一位没有付出辛勤的汗水和毕生的精力呢？他们为了完成一部作品，往往要花费几年甚至几十年的心血。如果没有坚强的恒心和毅力，他们是不可能做到这一点的。

在人类智慧发展的历史中，几乎没有任何一个诗人、艺术家、哲学家或科学家天才不被他们的父母或老师反对。在这些例子中，那些天才都是靠着顽强的毅力，克服了重重的干扰才获得了胜利。

在我们的工作中，同样需要坚忍不拔的精神。有很多员工被忧虑、沮丧所缠绕，在困难面前就俯首称臣，这都是决定能否干好工作的因素之一。因为工作所带来的快乐或悲哀，全部都由你的态度来决定，而工作的好坏，全部由自己来承担。也许有一些

人由于能力、经济、自身条件等方面的原因，做的可能并不是自己喜欢的工作，但是，无论你在做什么工作，你都要以一种持之以恒、坚持不懈的心态对待这份工作。

因为只有我们在工作中具备了持之以恒、坚持不懈，才能在工作中脱颖而出。所以说，持之以恒和坚持不懈让天才在大理石上刻下精美的创作，在画布上留下大自然恢宏的缩影。而不具备持之以恒和坚持不懈的精神，正是他们最后失败的根源。一切领域中所有的重大成就无不与坚忍不拔的毅力有关。从某种意义上来说，成功更多依赖的是人的恒心与毅力，而不是天赋与才华。英国著名的外交官布尔沃说："恒心与毅力是征服者的灵魂，它是人类反抗命运、个人反抗世界、灵魂反抗物质的最有力的支持，它也是福音书的精髓。"而坚持是时间永恒的伴侣，是时间老人最欣赏的永不衰老的童话。

坚持在工作中战胜困难

任何人的一生都不是一帆风顺的，越是取得较大成功的人，往往遇到的困难就越多越大，他们的成功就来自于与困难的一次次较量，来自于被击倒后又一次次的崛起。

这是为什么呢？这是因为在人的坚韧不拔的毅力面前，再大的困难都是微不足道的，只要你有克服困难的勇气和坚忍不拔的精神，就没有克服不了的困难。

法国物理学家、化学家玛丽·居里由于发现了镭，以及在研究其放射性方面的巨大贡献，成为一位享誉世界的伟大科学家。她于1903年获诺贝尔物理学奖，1911年又获诺贝尔化学

奖。她之所以取得如此令人瞩目的成就和她刻苦学习的精神是分不开的。

她不参加朋友联欢会，不与别人接触闲谈，她甚至不愿意花费一点时间学习做牛肉汤。在她看来，物质生活毫不重要，她宁愿把学习烹调的时间用在读物理学书籍或是在实验室里做一个有趣的分析。玛丽的生活是清苦的，她的饮食极其简单，没钱进饭馆，又不肯花半小时去做肉片，所以一连几个星期，她只喝茶，吃抹黄油的面包，最多有时去买两个鸡蛋、一块巧克力或几个水果。这种不近人性的生活损害了她的健康，她的身体很快变得极度虚弱，经常晕倒。有一次玛丽在同学面前晕倒，那个女生马上飞报给她的姐夫，当医生的姐夫赶到玛丽住处时，脸色苍白的玛丽却又在读书。

姐夫赶来后，检查了玛丽的身体，又察看了她干净的碟子和空空的蒸锅，全都明白了。

"今天你吃了些什么东西？"

"今天？……我不知道……好像我刚吃了午饭……"

"你究竟吃了些什么东西？"姐夫紧紧追问。

"一些樱桃，还有……还有各种东西……"

到后来，玛丽不得不说实话，从前天晚上起，她只是吃了一个小萝卜和半磅樱桃，睡了四个小时。姐夫责备了她一顿后，把她带到了自己家里。经过一个多星期的调养，她才恢复了健康。

在巴黎求学的四年里，玛丽以非凡的毅力过着一种贫寒却高尚的生活，她克服了常人难以想象的困难。漫长的冬季，住在顶层阁楼中的玛丽因寒冷而无法入睡，她便从箱子里取出所有的衣服穿在身上。对知识无止境的追求，使她忘记物质上的困窘，她似乎被一种神奇的力量驱使着，在科学的海洋里漫游，不知疲倦，永不停歇。为实现自己的抱负，她放弃一般年轻女子的快乐享受，过着与世隔绝的枯燥生活，萦绕在她头脑中的只有学习和工作。她对自己的要求始终很高，她不满足一个物理学硕士学位，她还要争取获得数学硕士学位，她不断鞭策自己在科学研究的道路上奋勇向前。

客观地说，玛丽·居里不是最有才华的人，但是从她的持之以恒、坚持不懈、勤奋努力的程度上来说，她肯定是数一数二的。一个普通人如果像玛丽·居里那样积极努力的话，同样会取得巨大的成功。所以说，我们要想生活得快乐和幸福，

首先要相信，无论做什么事，都要用一种持之以恒的心态来对待，因为这一信念会发展成为一种态度和习惯，并以此来对待生活和对生活的种种做出反应。我们可以快乐的生活，而且深信我们可以达到这种人生境界。

　　曾经几乎统治过整个欧洲的拿破仑，在军事方面取得的成就无人能比，可是他的成功也不是一帆风顺的。有一次拿破仑在战役中被敌人打得落荒而逃，万般无奈之下，不得不蜷缩在一个废弃的马房里。正当拿破仑垂头丧气的时候，他看见令他士气大振的一幕：在马房垂直的墙面上，有一只蚂蚁艰难地爬行着。蚂蚁的嘴里衔着一粒米，而且米粒的体积比蚂蚁的身体大好几倍。蚂蚁的爬行失败了很多次，每次即将完成时又掉下来。拿破仑一边看着蚂蚁的爬行，一边默默地记着蚂蚁的爬行次数。第七十九次，这只蚂蚁还是从墙面上掉下来。但是，蚂蚁还是继续地努力着，第八十次，这只蚂蚁终于成功了。在一旁默默观察的拿破仑顿时感到浑身充满了力量，他想：就连一只弱小的蚂蚁在困难面前，也表现得这样坚强与锲而不舍，我为什么要这样垂头丧气呢？于是，拿破仑重整旗鼓，打败了敌人。

　　困难并不可怕，怕的是人们的退缩和放弃，只有在困难

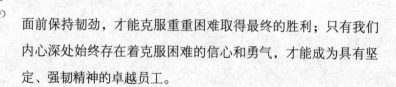

面前保持韧劲，才能克服重重困难取得最终的胜利；只有我们内心深处始终存在着克服困难的信心和勇气，才能成为具有坚定、强韧精神的卓越员工。

坚持不懈

　　我们所取得的成功都是坚持的结果。只有我们远离盲目，远离固执，那么坚持一种方向，就能到达成功的彼岸；我们知道，我们在人生旅途中所走过的每一步，都必定会积累一些经验，碰到一些挫折与逆境，当这些因素出现时，只要我们意识到在挫败与面对挫折时心存信心与意志的坚持，我们就能够培养一种韧性，一种精神，一种超越胜负的平静，一种远离急功近利的旷达，一种对自信和执着的忠诚和守望。而在这些因素中，它包含着智慧的种子，尤其是坚忍的信念能催其发芽并花开一片。在坚忍中最易捕捉灵性的闪现，迎接柳暗花明的大好

局面。

人生就应该具有这种精神，因为胜利永远属于快乐的人，永远属于那些坚持不懈的人。正如查尔斯·菲尔莫尔所说，"对于每一个人来说，人生应该是一次快乐的旅程。"当你山穷水尽时，当你驻足观望时，当你灰心丧气时，只要你相信生活是美好的，只要你有一个好的心态，只要你坚持不懈，成功就属于你。

我有一个朋友，他只有初中文凭，在中关村的一家保洁公司工作，工资每月才有600元。他的妻子上夜班，不过即使夫妻俩都工作，付了房租之外，剩余的钱也只能勉强够一个月的生活费用。他们的孩子还经常要去医院看病，他们甚至连手机都不敢买，省下钱来为孩子去买一些药。

我这位朋友希望成为作家，于是他夜间和周末都不停地写作，敲击电脑键盘的"噼啪"声不绝于耳。他的余钱全部用来付邮费，寄原稿给出版社的编辑。

可他的作品全被退回了。退稿信很简单，非常公式化，他甚至不敢确定出版社的编辑有没有真的看过他的作品。

一天，他读到某部小说，令他记起了自己的某部作品，他把作品的原稿寄给那部小说的出版社，过了几天，不见回音，

他就亲自上门把原稿送到了编辑的手里。

几个星期后，他收到这家出版社的一封热诚亲切的回信，说原稿的瑕疵太多。不过这家出版社的编辑的确相信他有成为作家的希望，并鼓励他再试试看。

在此后的18个月里，他又给编辑寄去两份原稿，但都退还了。他开始试写第四部小说，不过由于生活逼人，经济上捉襟见肘，他开始放弃希望。

在某一天深夜，他把原稿扔进垃圾桶。第二天，他妻子把它捡回来。"你不应该半途而废，"她告诉他，"特别是在你快要成功的时候。"

他瞪着那些稿纸发愣。也许他已不再相信自己，但他妻子却相信他会成功。一位他从未见过面的中国文联出版社的编辑也相信他会成功。

他写完了以后，把小说又寄给那家出版社的编辑，他以为这次又准会失败。

这家出版社认可了他的著作，并提前支付了他50%的稿酬，在出版之后，这本书成了畅销书，三个月之后被一家影视

公司买下，拍摄成电影。

　　我们并不知道自己何时能够成功，甚至我们还不时地遭遇失败，看开些，当人生走向低谷时，社会际遇处于被动时，绝不可悲观失望，更不可放弃曾经坚持的人生目标与原则。只要我们坚持不放，我们就能成功，毕竟坚持就是对自己的鼓励。只要我们能够持之以恒，坚持不懈，在挫折与失败面前永不放弃，终有一天我们会意外地发现自己已经成功了。

坚持使你永远看得起自己

　　人的一生不可能是一帆风顺的，总会遇到这样那样的挫折。但如果我们学会坚持，一切都会迎刃而解的。写《哈利·波特》的罗琳女士，凭什么能从一个穷困潦倒的小女子一举成为身拥亿万文化产业的富婆？她靠的就是坚持。27岁那年，她备受重创：与丈夫离婚、经济窘迫、谋生无路，那时的她，跌入人生的谷低，无职业、无收入、无积蓄，带着不满周岁的女儿……可她却没有就此屈服，硬是在最穷困潦倒的日子里写出了《哈利·波特与魔法石》，以后又写出第二部、第三部、第四部……结果，她凭此一举征服了全世界不同肤色的少

年儿童。

所以说，人生需要坚强，坚强是可以延伸的，任何困难厄运都难以抵御坚强者的抗拒。

格兰特是美国南北战争时期非常著名的将军，他的杰出军事才能使很多人感到佩服，但他有一个毛病就是好酒贪杯。在总统林肯看来他是一位帅才，虽有缺点，但他人的才能无法与之相比，于是便力排众议坚决任用格兰特。林肯对众多的反对者说："你们说他有爱喝酒的毛病，我还不知道；如果知道，我还要送一箱好酒给他呢！"格兰特的上任，决定了战局的胜负。在他的统率下，美国南北战争出现了转折，北军很快平定了南方奴隶主的叛乱。

1862年初，越打越艰难的南北战争，对于北方来说，已经到了生死存亡的时候。可是美国总统林肯还为总指挥官的人选伤透了脑筋。千军易得，一将难求，林肯的条件是这个人勇于行动，敢于负责，而且善于完成任务。

他选择的第一任军事总指挥斯科特将军老态龙钟，思想落伍，不愿意，也没有能力承担责任。

第二任军事总指挥麦克道尔将军是一个完全不能胜任工作

的人，他甚至对统率一支大部队感到手足无措。

第三位军事总指挥帮克莱伦将军看起来是个优秀的人，但是他瞻前顾后，沉溺于理论分析中，而不去付诸行动。

无奈之中，林肯任命哈勒克将军为第四任总指挥，然而哈勒克依然让他失望了。短短的几年中，如此频繁地更换军事总指挥，林肯总统很无奈。当格兰特出现时，林肯知道自己找到了合适的军事指挥官。

在林肯总统的心目中，格兰特将军就是那个他一直要寻找的人：他充满自信，勇敢无谓；敢于冒险，意志坚定；他在冒险中还敢于想象，在想象中还敢于付诸行动；他敢于负责，能创造性地完成任务。

1863年10月16日，林肯命令所有的西部军听从格兰特的指挥，格兰特因此成为第五任军事总指挥。1864年3月10日，林肯正式任命格兰特为中将，统领三军。格兰特成为了美国继华盛顿、斯科特之后拥有统领三军这一最高军事权力的人。

事实证明，林肯终于找到了合适的人才。这个其貌不扬的人，却是当时全美唯一一个能够和南方军统帅罗伯特·李将军

抗衡的人。

　　格兰特没有让林肯失望，1863年4月初，格兰特发起的维克斯堡一战把南方同盟切成了两半，将密西西比河这条大动脉从南方手中夺了过来，维克斯堡要塞拱手献给了北方。联邦的每一个城市和农村顿时群情欢腾，人们以各种形式欢庆胜利，祝贺指挥战争的头号英雄格兰特。这场战役是格兰特的杰作，在他一生的事业中，这也许要算是一次最伟大的成功，可与拿破仑的战例相媲美。

　　当林肯接到来自格兰特的捷报时，激动万分地说："干得好，格兰特！"

　　格兰特指挥的维克斯堡战役的胜利不仅是美国内战的一个重要转折点，而且因为采取了勇猛果断的灵活快速的战术，成为美军机动进攻的典范而被写进1982年版美国陆军FM100-5号野战条令《作战纲要》。

　　格兰特的胜仗结束了南北战争，并使他成了国家的英雄。1868年，共和党提名格兰特为总统候选人。他对政治从来就不感兴趣，他一生中只参加过一次总统选举投票，但是他轻松地

取得了胜利。

　　在我们的一生中，究竟什么是决定人生成功的重要因素呢？是气质还是性格？是财富还是关系？是勇敢还是聪明？不，都不是。而最重要的就是自己必须相信自己，自己必须看得起自己，最后才能走向成功。一个人是否具备了这个因素，就决定了我们人生的轨迹。这就像人们所说的："具有坚强性格的人有足够的斗志来应对人生的任何挑战。"

　　阳光总在风雨后，乌云头上有晴空。黎明之前是最黑暗的。只要我们学会坚持，就有成功的一天。坚持的昨天，是基础；坚持的今天，是奋斗；坚持的明天，是成功！

坚持就是拓进

我们必须永远看得起自己，我们有权利享有人世间最美好的事物。而个人要想生活得幸福，事业有成就，就必须最大限度地看得起自己，使自己的身心和力量处于最和谐的状态。只有发掘和利用这种状态，我们才会走出忧郁和苦闷的泥坑，才能清除人生道路上的困难与阻力，实现自己的梦想，成为自己想成为的人。

轻言放弃是意志的地牢，它跑进里面躲藏起来，企图在里面隐居。不管你干什么事情，如果你选对了行业，如果你确实渴望成功，只要能坚持到底，就会到达成功的彼岸，幸福女神

就会垂青于你。

　　从现在起，不要再说自己倒霉了。只要专心致志去做好你现在所做的工作，坚持下去直到把事情做好，机会就会来到。怨天尤人不会改变你的命运，也不可能让你拥有财富，只会耽误你的青春。如果你想要"赶上好时间、好地方"，就去找一项你能够拼上一拼的工作，然后努力去干。幸运不是偶然的，只要勤奋工作，就会把财富女神召唤来。

　　我认为许多事没有成功，不是由于构想不好，也不是由于没有努力，而是由于努力不够。时下有个概念叫"开拓者"。什么叫开拓？开拓就是除了开辟还需拓进。坚持就是拓进，就是遇到困难决不放弃的韧劲儿。

　　而真正的成功是要坚持永不放弃，就像温斯顿·丘吉尔曾经说过的那样"决不，决不，决不，决不放弃"。我们也应有这种永不放弃的精神，因为这是走向成功的保证。

　　现实告诉我们，那些最著名的成功人士获得成功的最主要原因就是他们决不因失败而放弃。路易斯·拉莫尔，这位世界著名的作家著有100多本小说，并拥有2亿本的发行量，然而在他终于卖出他的第一本书前，他曾被出版商拒绝了350次！

　　爱迪生曾经说过："成就伟大事业的三大要素在于：第

一，辛勤的工作；第二，不屈不挠；第三，运用常识。"在企业界这样的事也不胜枚举。

广东南海的李兴浩，用了20年的时间，一步步地把志高空调做成了中国最有竞争力的家用空调，他也成了空调器供应商之一。

在这20年里，他遇到的困难和挫折真的不算少，是什么支撑他继续干下来的呢？他的恒心和毅力是从哪里来的呢？

李兴浩说："这种恒心和毅力最早可能是小时候捡铜线的时候练就的。以前我们穷到什么地步？我们唯一可以吃的就是菜萝卜，我们想要把萝卜用盐腌一下才可以吃得久一点儿，可是我们连盐都买不起，为了买盐我去捡铜线，捡小橘子卖，还自己编竹器卖。一斤铜线是几分钱，要捡很多才可以赚几分钱买一点盐。捡橘子，就是那种从枝头上落下来的小橘子，晒干了是药材，也是几分钱一斤，捡一大筐才可以买几两米。那么细的铜线，那么小的橘子，一点一点地去捡，没有恒心和毅力怎么行？"

李兴浩一开始是务农的，但为了生计，他做过很多副业，鱼、菜、肉、木器等他都卖过。1982年他卖了一年冰棍，那种

批发价3元钱100根的小买卖，他竟然赚了几百块钱。他的创业史就是从卖冰棍儿、布碎、小五金等极不起眼的行当干起的，这里面有着与儿时捡铜线相同的恒心。"企业之所以能一点一点地长大，都是由一点一点的工作堆积起来的，不坚持，不持之以恒怎么行？遇到困难我就撒手不干了，那怎么行？那么多职工怎么办？我的雄心壮志怎么办？小时候捡铜线买盐是我自己的生计，现在做企业是为了更多人的生计。这些都是我的责任。另一个方面，我不服输！凭什么？这么一点小挫折就认输了？没道理！只要坚持下去就行了，我一定可以的！这些念头总是出现在我的脑海里。所以我从来不放弃，而且越和困难斗越觉得有兴致。"

李兴浩说："现在的情况已经好多了，但还是会经常碰到困难。以前那么大的困难我都可以挺过来，怎么现在不可以了呢？如果我现在失败，一无所有，我还是照样可以东山再起，重新再造一个企业。我开始卖冰棍的时候，年纪已经很大了。现在我再创业，我的能力，我的经验比那时强多了，那时候都可以成功，现在还怕什么？我不怕，一定可以再成功。"

　　李兴浩认为，财富的观念也许是每个人与生俱来的。作为一个挨过穷的人，对财富的追求更加强烈。以前很穷的时候，对财富的追求就是为了生存，为了让家人不再挨饿，后来一步一步把企业做大，大家的生存不再是问题的时候，甚至已经过上了比较富裕的生活的时候，财富对他来说就有了更加深刻的意义。

　　有很多人现在仍然在社会的最低层。如果有人来帮助他们，他们就能够摆脱目前的困境。"我做大了一个企业，我的企业里有几千个人因此有了饭吃，有许多还因此而致富，我觉得这是我的责任。我卖冰棍，然后卖布絮，卖五金零件，开酒楼，然后做空调，这些事情之间看起来关联都不大，但是我很自然地做过来了，因为每个工作都是我当时可以做的最赚钱的事情。当我发现一个更赚钱的事情时，我就会毫不犹豫地转过去。但是现在我执着于做空调，因为我有了企业，应该说企业提升了我追求财富的方式。好好经营一个企业，把它不断地做大做强就可以得到更多的财富。所以，我现在的理念是要做全世界最好的空调企业。但是我觉得财富从来不是我一个人的，志高空调也不是我一个人的。这些财富只不过是现在归我们使用，它是一种存在形式。这些财富是社会的，我要更加有效地使用这些财富，为社会创造更大的价值。"

天底下没有不劳而获的果实，如果能利用种种挫折与失败，决不轻言放弃，那么一定可以达到成功。不管做什么事，只要放弃了，就再没有成功的机会；不放弃，就会拥有成功的希望。

告诉自己再坚持一次

人生的道路是漫长的。既有晴朗的日子，也有烈风劲吹的时候。重要的是，人生最后的成功，才是永远的成功、真正的成功。有人说，人生就是一场赌博，赌场有一句话叫作"先赢是纸，后赢是钱"。人生的赌场也是这样，笑到最后的人才是真正的赢家。为了获得最后的成功，我们必须经历青年时期的艰辛，而且要将这种艰辛作为成才的基础，坚持着走向最后的胜利。

在很多年前，当我还在负责一家公司的人力资源时，曾经发生过这样一件事，公司在《北京人才市场报》上打了个招聘

广告，但已经过去三个月了。可是，突然有一天，一个年轻人闯进了我的办公室对我说："我在今天看到了你们三个月前的招聘广告，我想你们一定需要像我这样的人。"

我听这位年轻人如此说，也感觉很新鲜，就破例让他一试。面试的结果出人意料，这位年轻人无论在能力还是在自我陈述方面都非常的糟糕。也许是没有面试经验吧，他对我提的问题答非所问，当时我认为这是他事先没有准备的结果。我就主动为他找了个托辞，其用意就是让他知难而退，于是我就随口说道："等你准备好了再来我们公司应聘吧。"

没过几天，这位年轻人第二次来到了我们的办公室。当然，由于我的心里对他存在着排斥的情绪，这次可想而知，面对他的肯定是失败。但说句心里话，他的这次表现比上次好多了。为了让他在心理上有所安慰，我给他的回答仍然同上次一样："等你准备好了再来我们公司应聘吧。"就这样，这个年轻人先后八次来到我们的公司应聘，但都没有成功，直到第九次的时候，他最终被我录用了，后来在我离开这家公司创办自己的企业时，我向公司推荐这位年轻人作为我的接班人。

　　一个人不管在任何领域，只要沿着那条择定的路执着地走下去，他必会在那个领域发现别人没有发现的景观，达到别人没有达到的高度，体验到别人没有体验到的意境。说谓"道路"就是永远不放弃刻苦自励的"努力之路"。

　　不间断地"努力"绝不是轻而易举的事。但是，成功就在前头等待着肯于"努力"的人。在这种意义上，可以说"努力"是从不说谎的、是无比正直的，是一种高尚而激励人心的精神。从某种意义上说，所谓才能不过是耐得住长期努力的一种力量，最后使你获得胜利的桂冠。所谓失败，意味着屈服于困难，自己抛弃了自己。所以说，当你尽了最大努力还没有成功时，不要放弃，不妨换一种方法再来一次。

　　研究调查显示，所有杰出人士都具有"再来一次"这种不轻易放弃的特质。拿破仑·希尔说："在放弃所控制的地方，是不可能达成任何有价值的成就的。"

　　惠普公司前任董事兼CEO卡莉·费奥利娜两次被《福布斯》杂志评为美国经济界最有权力的女性，她曾归纳出个人成长和事业成功的七大法则，其中之一就是："套用丘吉尔的话'千万千万别放弃'，多数伟大的胜利者都坚持到最后一局。"

　　别放弃，就是要坚持。虽然坚持做的事也许很平凡，但

是，能够将平凡的事孜孜不倦地坚持下去，那无疑又是非凡的。不要忘记，那些能在人生中获得真正胜利的人，并不是被赋予什么特殊才能的人，而是能够脚踏实地、沿着平凡而又非凡的道路始终走下去的。可以说，能够在既平凡又非凡的路程中不左顾右盼、最终走到底的人，才是最聪明的人。

第六章

充满热情去工作

热情的动力

　　每份工作都值得人们去尊重、去热爱。我要用火一般的精神去热爱我的工作，这是一种对待工作最积极的态度。如果不热爱自己的工作，又怎么能够把工作做好。做什么事只要你具备了热情的态度，你就可以释放出所有的能力，这种能力可以改变你人生中的任何层面，能扭转你的环境，使你的美梦成真。

　　如果不去热爱自己的职业，怎么能够对工作投入极大的热情。没有热情的工作态度只会让人乏力，只会让人丧失斗志，当然也会丧失灵感。

　　阿伟是某文化公司的总经理，在刚创业的时候，他凭借着极少的资金，开始了人生的转变，在刚开始的时候，公司就只有他一个人单枪匹马地在商场上厮杀，他一人担当了众多的角色，既是领导者，为公司的发展制订发展目标，又是技术开发人员，把产品开发出来；既是营销人员，在产品开发出来之后，把产品推向市场，又是清洁工，当办公室很脏时，亲自去打扫。更惊奇的是，他在创业时才20岁，拥有一张奇貌不扬的娃娃脸。尽管他身上有一种精明强干，能够适应市场的变化，但还是让父母和朋友们的心中存有许多疑问，人们都认为他不具备创业的资格。

　　但是，正是这样一个长着娃娃脸的人，竟改变了自己的人生，经过一年的创业之后，他终于取得新的发展，在公司无论是在市场份额还是在人员规模上都有了新的变化。当人们问起是什么因素使他取得发展时，他坦然一笑说："是我的热情，因为在我的每一步发展中，我都抱有极大的热忱，我将自己的每一分精力都倾注到我的创业过程中。在每一天，无论在我身上发生什么样的困难，我都会以热情去对待，于是我感到无比

的快乐。"

　　阿伟的成绩是50%的热情和50%的勤奋换来的。只要你来到他所领导的公司，你也会被他的热情所感染。用阿伟的话来说就是："热情是一股力量，它和信心一起将逆境、失败和暂时挫折转变成行动。借着控制热情你可以将任何消极表现和经验转变成积极表现和经验。"

　　只要我们能以自己的工作为荣，用进取不息的认真态度、火焰似的热忱、主动努力的精神去工作，我们就会从平凡的工作岗位上脱颖而出，崭露头角。这种以工作为荣、积极主动的精神会帮助我们取得更辉煌的成绩。

热爱工作

在我们的工作中，只有对自己的工作充满热情，才能取得很好的成绩。这就正如西点军校的戴维·格立森将军所说："要想获得这个世界上的最大奖赏，你必须拥有过去最伟大的开拓者所拥有的将梦想转化为全部有价值的献身热情，以此来发展和展示自己的才能。"

比尔·盖茨无疑是一个对工作充满热情的人，正是他对工作充满热情，才使他非常热爱自己的工作。1975年开始创办软件公司，他就极其热切地投入到软件设计之中。可以说，他对自己的工作着了迷，用废寝忘食来形容他对工作的热爱和投入

并不为过。

当了解别人是如何工作时，我不得不发出感叹，成绩是在不断地坚持中做出来的。我相信比尔·盖茨也曾经对自己的工作产生过一些抵触，没有人能抵制住事物本来的性质，可是他能够让自己很快地脱离出消极的阴影，让自己的激情永续。

我也对自己的工作产生过抵触，我也对自己的工作产生过厌倦。这尽管是一个我喜爱的工作，可是长时间地面对同样的、重复的任务，也使得我丧失了一些热情，甚至想到逃避。可是，我坚持了下来，我知道，每个人都有这样的经历和过程，如果我说自己从未动摇过，那是在标榜自己。之所以有"进步"和"成长"这些字眼，就说明人们为了更美好的明天抵制住了自己心里一些消极的思想。同样的，每当我要做日常的工作总结时，看起来是那么机械和没有生气。我开始疲惫，并不是身体疲惫，而是心理疲惫，我知道我的身体里发生了某些元素的变化，我感到了一丝的排斥。这时，理智战胜了我，的确如此，即便是简单得不能再简单的工作总结，它也有着不同的意义。对于一个渴望进取的人来说，这是多么的重要，只有我们通过工作总结认识到自己每天进步一点儿，我们才会对工作充满激情。如果我们对工作没有激情，我们如何来提升自

己，如何让上司和公司信任我们。信任是无价的，既然公司信任我们，我们是不是应该以最认真的态度来对待公司。想到这里，我开始感觉到自己心里有一股暖流涌出，这样的感觉源于理智，感于事实的本质，却最终归于理智，因为我会理智地对待工作中每一件看似非常平常的小事，这才是一个从业者对待工作的态度。

微软的一个研究员对待工作的热爱使得李开复大为感慨。这位研究员经常在周末去见女朋友，后来，李开复偶然在办公室碰见他，就问他："女朋友在哪里？"研究员笑着指向电脑："就是它。"比尔·盖茨对工作的热爱感染了公司中的每一个员工。因为只有热爱工作，才能以最认真的态度去对待它。

优秀必然是从热爱自己的工作开始，只有热爱自己的工作，才能充分发挥自己的主观能动性。所以，热爱工作成为圆满完成任务的重要因素，只有全身心地投入到自己热爱的事业中，才能获得成功。假若不能克服客观的本性，不去热爱自己的工作，那么，想要做好工作几乎是不可能的。

有人说，热爱工作就是要去做自己感兴趣的工作，这是感性的。

热爱工作，不论是自己感兴趣的，还是不感兴趣的，这是

理性战胜感性的过程，没有一个人能对某件事情一直保持着热爱。所以，我要用理智去战胜自己这种消极的思想，让自己去热爱工作，这是一个"成长"的过程，还有什么比"成长"更富价值的。我确信我在进步，不停地进步。

实际上，正是这些因素决定了我们能够在工作中去积极行动。因此，热爱自己的工作，就如同我们热爱自己的生命一样重要。

培养热情的态度

　　比尔·盖茨曾经说过："每天早晨醒来，一想到所从事的工作和所开发的技术将会给人类生活带来的巨大影响和变化，我将会无比兴奋和激动。"比尔·盖茨的这句话从某种意义上就是在向我们证明，无论我们做什么事情都要充满热情，只有对工作充满热情，我们才能在工作中找到乐趣。有许多人由于他们在自己的工作中缺乏热情，所以他们对什么事情都不感兴趣，事实上，我们要培养热忱，首先要做的就是对我们自己所做的工作充满兴趣。即使有些事情，在开始的时候找不到快乐的感觉，但在努力工作后，我们会发现，这些事并不像我们以

前所想的那样无趣或困难。任何一个员工，只要具备了这个条件，就能获得成功。

热情是一把烈火，它可以燃烧起成功的希望。任何个人要想获取成功的希望，必须将梦想转化为有价值的献身热情，并投入热情来发展和推销自己的才能。

在企业里，任何一位高层都必须是一位怀有极高热情的人，只有这样才算是一位合格的高层领导。

任何一位高层领导都有繁多的工作。人不是神，你虽然贵为高层主管，也不可能什么工作都能胜任。在某些工作上，也许你的员工会比你做得更好；在某些方面，你的员工比你更出色。作为一名高层领导者，你必须职尽其责，你已经处在领导的地位上，所以你必须领导，必须管理。在这种情况下，你需要如何去做呢？在做的过程中什么最重要呢？

满怀热情地工作，是任何领导、员工都必须具备的。作为高层领导，你需要对所在部门的经营比任何人都热心，热心的程度不能低于任何人。在很多时候，一位高层领导的知识、才能、学历都没有部下高，因为部下优秀者太多。但是，你比他们出色的地方是你的热情，这是部下不如你的地方，当你热情很高时，大家都会行动起来。这样，你就是一名合格的高层领

导了。

　　作为一个企业老板，热情更加重要。如果你是一位各方面都优于他人的老板，这一定是无可挑剔的。一个有知识、有专业技术、有才能的人当然是最理想的人才。但是，这种人才少之又少，也许不存在。

　　一位企业老板说过这样一段话："从创业开始到现在，我的个人能力都没能提高多少，学历、知识、专业技术，我都比不过企业里的大部分员工。但是，作为一个企业的老板，我对事业的热情不亚于任何人，我能用热情的能力去感化任何一位员工，使他们发挥所有力量投入到工作中。正因为这样，我的企业发展很好。

　　"几年前，我的企业进入发展期，公司在飞速地进步，技术上的事也是日新月异，一些新的难题刚产生就被解决。就经营而言，大量使用计算机等进行复杂的分析已经是许多企业的必需，对于我来说，计算机分析方面的知识只知其一，不知其二。不只是我，我的许多老部下也不懂。不过，我们只需要担心自己是否有经营公司和做好工作的热情。如果没有热情，员工就会慢慢地离去，就算他们不走，也不能尽力把工作做好。只有对经营公司和做好工作怀有极高热情的员工，才能充分调

动自身的积极性，做到尽职尽责。"

是啊，即使智慧、才华远远优于他人的老板，如果你没有热情，那么你的部下很难产生积极、负责的情绪，这样，所有的智慧和才华都等于零。相反地，你在其他方面哪怕什么也不具备，但是对于经营企业具备高度的热情，员工也会有智慧出智慧，有力量出力量，直到把事做好为止。

对工作充满热情，对于任何希望成功的人来说，都是必须具备的条件。

无论未来从事什么样的工作，如果你能够对自己的工作充满热情，那么，你就不用为自己的前途操心了。因为在这个世界上散漫粗心的人到处都有，而对自己的工作善始善终、充满热情的人少之又少。

成功学大师卡耐基认为，对工作充满热情的人具有无穷的力量。

"人在一生中之所以能够成功，最重要的因素就是对自己每天的工作抱着热情的态度。"这句话是《工作的兴奋》作者威廉·费尔波说的。威廉·费尔波是耶鲁大学最著名而且最受欢迎的教授，他还说："对我来说，教书凌架于一切技术或职业之上。如果有热情这回事，这就是热情了。我爱好教书，如

画家画好绘画，歌手爱好唱歌一样。"

任何一位企业老板，都喜欢那些富有工作热情的员工。亨利·福特说过："我喜欢具有热情的员工。他热情，就会使顾客热情起来，于是生意就做成了。"

凡是具有成功必需的才气，有着可能实现的目标，并且具有极大热忱的人，做任何事都会有所收获，不论在物质上或精神上都一样。

热情有助于实现梦想

在我们的工作中，我们无论做什么事情都要有一种满腔热忱的心态。也就是说，无论我们做什么事情都要充满激情，而激情的实质是要发泄或者说显示自我。热忱是可以激发的，又是可以控制的，它可以从一个人身上传递到另一个人身上。热忱的能量与无线电信号相似，可以传遍全世界。热忱可以发送，可以接收。当一群人拥有了某种热忱，它便形成一股强大的力量。尤其是在追寻梦想的时候把热情带进来是很重要的，如果你有梦想并且希望实现它们的话。这种燃料一旦点燃，将会让你的"飞机引擎"在飞行期间生气勃勃地持续运转。有史

以来，热情驱使着世界上最杰出的人士在他们工作的领域达到人类成就的巅峰，而热情也会为你做同样的事。

最受美国人敬仰的、最著名的总统西奥多·罗斯福很早就有一个梦想，他希望美国的船只能够直接从太平洋开到大西洋，而无须远远绕到南美洲南端的合恩角去。要实现这个愿望，有许多困难需要克服。

首先，他遇到了国人的反对，这些人没有预见到开挖运河所能带来的巨大经济繁荣前景。他还遭到了世界上其他国家领导人的反对，他们不希望主持这一大型工程的权力落到美国人的手里。南美洲的国家首脑则由于他们国家的主权受到侵犯而提出反对意见。罗斯福总统没有被这些反对意见所吓倒。他对这个理想抱着热忱，同哥伦比亚和巴拿马两国政府进行谈判，终于取得了从大西洋岸边的科隆岛至太平洋岸边的巴拿马城开凿一条运河的权力。

问题并没有全部解决，由于中美洲的蚊子和黄热病，全盘计划几乎搁浅。罗斯福总统以其特有的风格解决了这两个困难。为了对付黄热病，医药发明出来了；为了对付蚊子，又生产出了杀蚊剂。他开凿运河不光为了通航，还要把这个地区变

成旅游胜地。他意识到要是健康得不到保障，人们就不会观光游览此处。当运河开凿完成时，巴拿马城已成为卫生的样板。这是罗斯福总统的热忱与决心得到的报偿。

每个公司都需要带着热情去工作的员工，一家公司的人力资源管理者表示："我们对外招聘时，特别注重人才的基本素质。除了要求求职者拥有扎实的专业知识外，还要看他是否有工作激情。一个对工作没有激情的人，我们是不会录用的。"

一个没有工作激情的员工，不可能高质量地完成自己的工作，更别说创造业绩。只有那些对自己的愿望有真正热情的人，才有可能把自己的愿望变成美好的现实。

热忱是工作的灵魂

同样的工作怀着不同的心态度去做，得到的结果也会不同。满怀激情地投入工作会把不利的情况变得一片大好，而那些怀着消极心态或没有热情地投入工作中的人，他们在很多时候可能会因此而变成不乐观的情况。

热忱，从本质上来说，是与生俱来的，它伴随着每一个生命的始终。我们肯定生命，哪怕是我们在人生最惨淡的时候，都要保持热忱的态度。凡是有生命的物体都有自己的生命意志。哲学家尼采、柏格森等认为，生命的本质就是激昂向上、充满创造冲动的意志。因此，拥有生命的我们，一定要使生命充满活力和热情，要对工作充满热忱和欢快。

　　一个公司的老板喜欢那些满腔热情地投入工作、将工作看作是人生的快乐和荣耀的人。在这些人的身上，热忱是战胜所有困难的强大力量，它使你全身所有的神经都处于兴奋状态，去实现你梦寐以求的事；它不能容忍任何有碍于实现既定目标的干扰。

　　有人说过，热忱是可以感染他人的，只要你在工作中充满热忱，就能影响很多员工，也就是说，热忱借分享来复制，而且不影响其原有的程度，它是一项分给别人之后反而会增加的资产。你给予大家的越多，你得到的也会越多。生命中最伟大的奖励并不是来自财富的积累，而是由热忱带来的精神上的满足。当你兴致勃勃地工作，并努力使自己的老板和客户满意时，你所获得的利益就会增加。

　　一个人如果在我们的言谈举止中都把热忱当作一种神奇的要素，那么，你就可以吸引你的老板、同事、客户和任何具有影响力的人，如果产生了这样的效果，你就会发现原来热忱已经成为帮助你在工作中走向成功的关键要素。

　　如果我们在工作中不能全身心地、满腔热情地投入，我们做什么事情都不能成功，久而久之就会沦为平庸之辈。如果我们在工作中没有热忱的态度，就不可能在人类历史上留下任何印迹，最后的结果就是做事马马虎虎，在碌碌无为中度过一生。

　　热忱无处不在，它存在于生命的每一个角落。看看那些没有热情的军队，他们是打不了胜仗的；看看那些没有热忱的公务员，他们不可能处理随时发生的公共事务；看看那些没有热忱的商人，他们也不会到全世界各地去做生意。由此可以看出，热忱是所有伟大成就取得过程中最具有活力的因素，如果我们没有热忱，我们就不可能取得成功。世界最伟大的成就往往都是由那些头脑聪明并具有工作热情的人完成的。在一家大公司里，那些吊儿郎当的老职员们嘲笑一位年轻同事的工作热情，因为这个职位低下的年轻人做了许多自己职责范围以外的工作。然而不久他就从所有的雇员中被挑选出来，当上了部门经理，进入了公司的管理层，令那些嘲笑他的人瞠目结舌。

　　热忱不仅影响着我们的工作，也严重地影响着我们的生活。我们在社会中生存，就必须要对自己、对家庭、对集体、对社会承担并履行一定的责任。热忱，使我们的生命更有活力；热忱，使我们的意志更加坚强。不要畏惧热忱，有人以半怜悯、半轻视的语调把你称为"狂热分子"，这说明他在嫉妒你，你比他成功的机会多。源源不断的热忱，使你永葆青春，让你的心中永远充满阳光。让我们牢记："用你的所有，换取你工作上的满腔热情。"

不要让热情远离你

我们很难想象一个没有热情的员工能始终如一地、尽职尽责地完成本职工作。美国微软集团每年都会在知名大学里招聘一些优秀员工，招聘官曾对记者这样说过："我们愿意招的人，他首先应是一个非常热情的人，应该对工作热情、对技术热情、对公司热情、对同事热情。有的时候，在一个具体的工作岗位上，你们会觉得奇怪，怎么会招这么一个人，他的资历不深，年纪也不大，能胜任这个工作吗？其实，你只要和他谈过一次话，你就会受到他的感染，愿意给他一个机会，这就是他所怀有的热情所导致的。"

　　以热情的态度对待工作，不仅可以提升你的工作业绩，还可以给你带来许多意想不到的成果。

　　有这样一家公司，在一年前，公司里的员工们脸上常常挂着一脸的疲劳，大部分人都对自己的工作感到了厌倦，有一部分人已经开始写辞职报告准备走人了。这家公司的业绩也非常糟糕。可一年后，这家公司却变了一个样，公司里的员工都充满了热情，公司的业绩也相当出色。这是什么原因呢？

　　一年前，正当公司的大部分员工要辞职的时候，公司里来了一位叫里杰的主管，年龄不大，才25岁。里杰来到公司后，他改变了这里的一切，他对待工作充满了热情，这种精神状态燃起了其他员工胸中的热情火焰。

　　每天里杰都是第一个到公司的，遇到每一个员工，他都微笑着打招呼。工作时，他容光焕发，就像生活又焕然一新。中午休息时，他会给员工讲一些有趣的小故事，他还给员工们买来了一套音箱，在饭后放一些火爆的音乐给员工听，看到员工疲劳的时候他又会放一些放松心情的音乐给大家。在工作的过程中，他调动自己身上的潜力，开发新的工作方法。在他的影响下，那些将要离开的员工也留了下来，并且和里杰一样，早

来晚归，斗志昂扬；纵然有时候腹中饥饿，也舍不得离开自己的工作岗位。每到周六、周日，大部分员工都会来到公司，他们上午加班工作，到了下午就在公司里搞活动。

就这样一年之间，这家公司已经是一个充满了活力，业绩不断上升的优秀公司了。在那里的每一个员工对待自己的工作都充满了热情和骄傲，里杰也坐上了公司副总的位子。

爱默生说："一个人，当他全身心地投入到工作中，并取得成绩时，他将是快乐而放松的。但是，如果情况相反的话，他的生活则平凡无奇，且有可能不得安宁。"

没有热情的生活，就没有完全体验生活的喜怒哀乐、悲欢离合。没有热情的生活，你会觉得暗淡无光。只有饱含热情的生活才会使你体会到生活的快乐，感觉到心智发挥到极致。如果你将热情一天又一天地注入到你的生活和事业中，想象一下，你的生活将变得多么丰富多彩。

伊尔说："离开了热情是无法做出伟大的创造的。这也正是一切伟大事物所激励人心的地方。离开了热情，任何人都算不了什么；而有了热情，任何人都不可以小觑。"我们每个人身体内部都有力量之源。我们可以用它来完成我们所期望的一切。医学证明，我们身体的每个细胞和器官都充满了生命力，

其中热情自然也是这个生命力的一部分。我们应将这份热情全身心地投入到工作中去，把它当作一种使命来完成，以此发挥它最大的力量。

保持热情，会使你青春永驻，让你的心中永远充满阳光，更会让你保持对工作以及生命的乐趣。拿破仑·希尔说："若你能保持一颗热情的心，那是会给你带来奇迹的。"

每个人都应该充满热情地工作。生活当中，不论是作家、教师、工程师、工人、服务员、老板，只要是自己的职业就应该热爱它，用充满热情的行动去珍惜它，只有如此才能成就事业。

第七章

与老板共生存

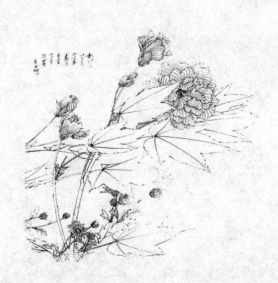

与老板共生存

　　在这个世界里，老板与员工的关系既有和平共处的时候，也有剑拔弩张的时候。对双方来说，处理好两者的关系是至关重要的。老板给员工提供就业机会，而员工给老板带来利润。在一个既有优秀的企业文化又有完善的鼓励机制的企业里，员工不但享受老板提供的丰厚待遇，还应该从老板的角度看问题，为企业未来的发展献计献策，努力工作。即使企业遇到暂时的困难，也会和老板一起同舟共济。从根本上来讲，老板和员工不过是有不同社会分工的两个社会角色而已。这种分工和角色的分配是经过自然选择的结果。关注一下那些成功者的经历，你就会发现他们没有几个一出生就是老板。他们大部分都

是从员工到老板，这样一步步走过来的。有很多因素，诸如性格、理想、勇气等，决定了他们坐到了老板的位置。

　　一个员工工作的过程也像老板一样，也是一个提升自我的过程。如果你不能在工作中完善自我，则如逆水行舟不进则退，你会掉队，跟不上时代的发展，更确切地说，你就不能为公司创造价值。不能给老板带来效益的员工在公司里是没有立足之地的。

　　老板的眼光是犀利的，一个不能好好工作的人想要通过奉承来获取老板的认可是不可能的。如果碰上对奉承极为反感的老板，那就更加没有职业安全感了。任何事情都是一样的道理，想要寻找捷径来实现目的，往往会得不偿失。把心思花在怎么样讨好老板上，不论任何情况都以此为自己的发展方式，结果必然会以失败而告终。

　　假如一个集体中，成员都采用讨好老板的方式获得升迁，那么，工作如何进展？工作没有进展，企业又怎么能够存活呢？一个想要发展的企业，需要企业中的每一个人都脚踏实地好好工作，只有每一个人都付出努力，才能汇集起一股强大的力量，成为一支具有战斗力的团队，获得成功。

　　工作中，不只是对老板，对同事也一样，适当的、发自内心

的赞美是可以的，这不同于阿谀奉承，两者最本质的区别就是是否真心，是否怀有目的。赞美就是真心的、不怀目的的一种赞扬。我们鼓励这种形式的赞美，不要对所有人都针锋相对，好像别人欠了你什么似的，永远只看到别人的缺点，看不见别人的优点，这样的人往往会走向奉承的另一个极端。眼中没有别人，或者认为别人都是自己的对手、自己的敌人，别人不论做什么事都不如自己，所以也就不会欣赏别人，不会赞扬别人，说话刻薄、尖锐，这样的人想要贬低别人而抬高自己，不管对于同事还是老板，总是认为都比自己傻，处处想要让老板知道自己是最优秀的，以此来确保自己在公司中的位置，这种现象也应该改变。

在现实生活中，我们经常会看到一些受过良好教育、才华横溢的人，他们在公司里长期得不到提升，主要是因为他们不愿意自我反省，养成了一种嘲弄、吹毛求疵、抱怨和批评的恶习。他们根本无法自发地做任何事，只有在被迫和监督的情况下才能工作。最根本的原因是他还没有悟透一个道理：努力工作并不仅仅有利于公司和老板，其实真正的最大的受益者恰恰是他自己。

因此，员工与老板的关系，绝不应该是天生的冤家或仇敌，而应当是合作关系，是共同创造利益并使双方都获得成功的合作者。

支持老板，虚心接受老板的批评

　　只要我们渴求自己成为一个老板，在不久的将来，我们就是一位成功者。如果我们成为了老板，就要给任何人，包括我们的亲人，树立起一种信任感，忠诚于自己的老板，对社会具有责任感的好员工。如果我们这样做了，我就能够快乐地工作。

　　在我们的工作环境中，老板和员工的关系很复杂。如果你能够认识到"我是在为自己工作"，那么你将会发现工作中包含着许多个人成长的机会，这些无形资产的价值，是无法衡量的。最终受益者是你自己，为老板干就等同于为自己干。把工作当成是在为自己工作的人，是企业当中所有最可爱的员工必

备的品质，这种人永远也不用担心会失业。

什么样的员工是老板最喜欢的员工呢？这些员工像老板一样热爱公司，忠诚于公司，一切为公司利益着想、自觉主动地以公司为家，把自己当成公司的一分子，任何有利于公司的事情都会全力去做，将公司的发展当成自己的事业。

以老板的心态对待工作，对工作质量精益求精；把自己视为公司的老板，像呵护自己的孩子那样去呵护企业。多一些办法，少一些借口；多一些细致，少一些马虎；多一些应对，少一些应付；多一些责任，少一些逃避。

很多员工对老板不信任，其实是一种误解。而造成这种误解的原因是由于管理和沟通上缺乏技巧。比如说，老板做事随意，没有计划性，缺少一个明确的战略构想或目标，就会使员工被动地应付，没有成就感。

老板喜欢那些踏实谦虚的员工，那些傲慢浮夸的人很难得到老板的信任和喜欢。

傲慢浮夸的人在找工作时，通常不是考虑自己能不能做这样的工作，而是看待遇的高低，薪金的多少……以这种态度对待工作只会引起老板的反感，难以获得赏识。

对于自己不知道的问题，不要羞于承认。要敢于承认自己的无知，虚心请教，而且应该做到不耻下问，善于向别人学习。

俗话说"态度决定一切"，以谦虚实在的态度对待工作，无论做什么事情，多思考、多实践，这样才能更快地进步，并获得老板的注意和赏识。千万不要对自己不懂的事情装作内行，口无遮拦，言行莽撞。做个谦虚实在的员工，懂得沉淀自己、塑造自己，懂得自己的能力是打开成功之门的钥匙。不断提高自己的知识水平和工作能力，这样才能够很快地获得老板的赏识和重用。

员工和老板之间也会有误解，通常都是由于信息传达不准确或是不能进行有效沟通造成的。工作中，要学会用适当的方式跟老板沟通。

在工作中，下属难得会被老板批评。老板之所以批评你，就是因为他认为你有他值得批评的地方。聪明的下属会认真地接受老板的批评，找出自己的问题所在。不顶撞老板，就是对老板的尊重，很多老板会认为，"这个下属很虚心，没脾气，能成就大事"，很可能因此对你印象深刻，如果老板批评你是为了杀一儆百，你的认真倾听和接受可能让老板对你产生感激之情。所以，即使老板的批评是错误的，你只要处理得好，很多时候，坏事也会变成好事。

如果你很骄傲，太把自己当个人物，无法容忍老板当众对你的批评，动不动就牢骚满腹，甚至顶撞老板，那么，虽然有时候可以获得一时的痛快，却往往会使自己和老板的关系恶化，让老板认为你"批评不得""不谦虚""目中无人"，更让老板觉得批评自己的员工都会被顶撞，哪还有威信可言。

聪明的下属都不会当面顶撞老板，而是让老板把话说完，认认真真听老板的"教诲"，然后才会单独找老板阐述自己的看法。这种方法很容易获得老板的好感和青睐。如果下属能够在老板发火的时候大度一点，给老板留面子，很多时候，老板都会反省的，即使没有向你表示歉意，也会感到亏欠你。在其他事情上，老板有可能采用其他的方式给你补偿。

从另一个角度看，老板批评你几句，他是老板，也没有什么了不起，又不是什么正式的处分。因此，你完全没必要申辩，一定要弄出一个谁是谁非。

一位有经验的职业经理人说，老板批评员工的时候，最希望的是员工，诚恳虚心地接受批评。最恼火的是员工当面顶撞老板，让老板在员工面前难堪。

一般情况下，老板是不随便批评员工的，所以站在员工的立场，应该诚恳地接受批评，从批评之中悟出道理。

换个角度看老板

　　换个角度来看老板，老板既不是慈善家，也不是迫害狂，他们在办企业的过程中，只是想以最小的投入来赢得最大的产出，获取最多的利润，所以，在他创办企业的过程中，做出一些令员工不满意的事也就很正常了。

　　很多人就错在不加以区别，把所有的老板都看成是折磨、剥削员工的资本家，把他们当成自己的敌人。如何获得老板的信任呢？就只有支持老板，对他忠诚。在企业的经营中，老板是承担着最大风险的那个人。如果企业倒闭，经营不下去，员工可以到别的公司打工，但老板可能会赔得倾家荡产。在这种老板自己要承担高风险、高责任的情形下，他只信任他自己。

因而，他们的信任是根据你的表现而一点一点给予的。如果你希望自己能够出人头地，就要有接受各种考验的心理准备。假如你以行动证明了你的忠诚，而没有仅仅把它停留在嘴上，你就会有更多的机会拥有光明的未来。

倘若你的老板自私狭隘，并不珍惜你的忠诚，你也千万不要带着敌视的态度，把自己和公司对立起来，也不要有老板不可靠的想法。不要太在意老板对你恶劣的评价。在老板无法对你做出公正而客观的评价时，你就应当学会自己肯定自己、信赖自己。有很多人总是抱怨自己像奴隶一样受人剥削，而内心也逐渐产生了低人一等的心态。大家在抱怨自己被压榨成奴隶之前，应该先审视一下自己是否是心理上的奴隶。倘若坦诚认真地审视自己的内心，就会发现自己的思想里隐藏着不少猥琐的欲望。而浮躁、莽撞的行动也正是这种欲望作用下的结果。那些认为老板总是在压榨和剥削自己的人，其实真正压榨和奴役他的是他自己。如果你能够改正这些缺点，摆脱自私狭隘的思想，就能达到一种宽广的境界，也就没有任何人能够奴役你。

当然，在工作中，我们也常常能够看到员工被无故地克扣工资、长时间加班却报酬极低，甚至还会有体罚员工等现象。但我们不能以偏概全，不要"一杆子打翻一船人"。不要总是抱怨

老板在利用你、剥削你。如果老板不这样做，那么也许到月底的时候老板就连工资都开不出来，甚至还会让公司关门大吉。

当你遇到这种情况的时候，不妨换个角度想想，倘若你成为一个公司的老板，你敢说不会以同样的态度或方法来对待你的员工吗？如果你能这样想，那么，你的工作就会开心多了。我们常常能够在各种地方，发现那种无法摆脱"被奴役"思想的员工。他们消极怠惰地工作，自以为是在报复老板和公司，却使自己深陷在心理奴隶的牢笼之中。

有的员工常常因为对老板有太高的期望，才会苛求他们。事实上，老板作为一个商业经营者，他们的主要责任和目的是要不断地创新和发展，以创造更多的利润。同时，提供更多的就业机会，扩大公司规模，使公司能够长期运转，因而能够使更多的人拥有更多的生存机会，从更大范围来解决更多人的失业危机。只要你认识到了这一点，当你在工作中遇到老板苛求你的事情时，你应当先进行认真仔细地分析，再做出老板是否在压榨你的结论。

在我们对老板提出疑问的时候，我们也要反省自己是否做了应做的事，是否完全尽到了责任，是否把公司当成了自己的家。倘若自己承受更多的压力是因为懒散与怠惰，那应该不算是压榨。

把老板当成朋友

　　如果你曾经为他人工作，而现在为自己工作，就会发现以前总是认为老板太苛刻，现在却觉得员工太懒惰，太缺乏主动性。其实，什么都没有改变，改变的是你看待问题的角度和方式。有这样一个员工，他是一位非常优秀的人，有着良好教育的背景，也有着与他人不同的能力，但是，他在公司却总是得不到提升。为此，这位员工非常的苦闷，有一天，他终于找到了人力资源专家并且问道："我在公司已经努力了，为什么我却得不到发展。"人力资源专家看着他说："你说这是为什么呢？"

　　当然，当人力资源专家这样问他的时候，他是找不到答案的，最后人力资源专家为他分析说："你得不到提升的原因其

实非常简单，因为你在工作中缺乏独立创业的勇气，也不愿意自我反省，养成了一种嘲弄、吹毛求疵、抱怨和批评的恶习。还有就是你根本无法独立自主地做任何事，只有在被迫和监督的情况下才能工作。在你看来，敬业是老板剥削员工的手段，忠诚是管理者愚弄下属的工具。正是因为你有了这种思想，才使你在精神上与公司格格不入，使你无法真正从那里受益。"

这位员工听人力资源专家如此说，心里感到非常的不舒服，他说道："我有这么严重吗？"

人力资源专家笑了笑说，"你以为只有这些吗？如果你心脏还好的话，我可以告诉你，你更严重的问题是听不进别人的劝告。"

"那我该怎么办呢？"

"你要记住，"人力资源专家接着说，"在我们的生存环境中，我们要有所施才有所获。如果决定继续工作，就应该衷心地给予公司老板同情和忠诚，并引以为豪。如果你无法摆脱中伤、非难和轻视你的老板和公司，就放弃这个职位，从旁观者的角度审视自己的心灵。只要你依然是某一机构的一部分，就不要诽谤它，不要伤害它。轻视自己所工作的公司就等于轻视你自己。"

通过人力资源专家与这位员工的对话我们可以看到，经营

管理一家公司是件复杂的工作，而且在这个过程中，我们可能会遇到种种困难和压力，这些随时随地都会影响着你的情绪，如果你不加以改正，就会给你的工作带来重重阻碍，员工如此，老板也如此，老板也是普通人，他也有着自己的喜怒哀乐和缺陷。他之所以成为老板，并不是因为完美，而是因为有某种他人所不具备的天赋和才能。因此，首先我们需要用对待普通人的态度来对待老板，不仅如此，我们更应该同情那些努力去经营一个大企业的人，他们不会因为到了下班时间而放下工作。

　　成功守则中最伟大的一条定律——待人如己，也就是凡事为他人着想，站在他人的立场上思考。当你是一名雇员时，应该多考虑老板的难处，给老板多一些同情和理解。当自己成为一名老板时，则需要多考虑雇员的利益，多一些支持和鼓励。

　　这条黄金定律不仅仅是一种道德法则，它还是一种动力，推动整个工作环境的改善。当你试着待人如己，多替老板着想时，你身上就会散发出一种善意，影响和感染包括老板在内的周围的人。这种善意最终会回馈到你自己身上，如果今天你从老板那里得到一份同情和理解，很可能就是以前你在与人相处时遵守这条黄金定律所产生的连锁反应。正如一句话所说的那样，当你以老板的心态思考问题时，那么，你已经成长为一名老板了。

　　以老板的心态对待公司，这样，你就会成为老板的得力助手，老板也会因为你的忠诚而器重你。以这样的心态工作，就可以坦然地面对老板，因为你对公司尽了自己最大的努力。

　　当你还是公司的职员时，就要一心把公司的利益放在首位，时时想着公司的利益，设身处地地为老板着想。这样的话，你就会被老板重用。如果你能处处为老板着想，替企业开源节流，那么，公司也会投桃报李。当然，奖励可能不在今天，也不在下星期，甚至明年也说不准，但是可以肯定，它一定会来，只不过其方式不一定是现金。如果你能时刻为企业考虑，爱公司如家，那么，老板肯定会器重你。当然，可能也有这种情况，就是回报与付出不成正比例。在这种状况下，你不要怨天尤人，而要提醒自己，要把公司利益放在首位，我目前是在给公司做事情，代表的是公司的利益。此外，要在社会上立足，那就要有自己的一份工作。工作是你日后事业的基石。

　　如果你能以老板的心态对待公司，不久的将来，你一定会拥有你自己的事业。如果你碰到一份困难重重的差使，你可以问一下自己："如果是我开办的这家公司，我怎样才能处理好？"当你的行为和你作为员工时的举动完全一致时，你的工作能力已是今非昔比，你的能力已经达到了优秀老板的水平了。

向老板学习

　　向老板学习仅仅因为他的优秀，而不是他老板的身份。要珍惜向老板学习的机会。因为他比你有能力，你应该为每天都可以和比你优秀的人共事而庆幸。

　　学习的途径多种多样，在工作中，我们可以得到经验、知识和信心。工作越热情，决心越大，工作效率肯定越高。以这样的热情对待工作，工作起来我们就会乐在其中，也就会有很多人请你做你乐意的事。多做的目的是使自己快乐！每天的八小时工作就如同在快乐地游戏，这是多么划算啊！

　　有一次，当我与一位公司负责人谈到在工作中遇到的困

难时，他对我说："许多年轻人找工作时最看重薪酬、工作环境、福利待遇等，这是十分盲目的。很多人一直就没有考虑这个问题：我从哪些人中可以获得对我要从事的工作有价值的指导？在工作中学到的本领和积累的阅历，才是真正有价值的，才对你的未来有真正的帮助。"

其实，对于一位公司负责人这句话的理解就是，只要我们向身边的每一位人学习，我们自身就会感到快乐。

知识浩如烟海，要想掌握所有的知识是不可能的，本想事事精通，最后却事事稀松。那么在学习的过程中就需要有所选择，有针对性地学习某一部分，或者某一方面，从而达到精通的地步。

一个人之所以出色，不是他懂得多，而是他掌握了最有用的东西！因为"近朱者赤，近墨者黑"。和品质恶劣的人交往，你也会沾染到恶习；而和那些才俊之士或品行高尚的人打交道，你就可能变得更聪明、更高尚。

史蒂夫是微软公司举足轻重的人物，但他在电脑方面并不是特别精通，可是比尔·盖茨却为他付了一年数百万的薪金，很多人都表示不理解。

曾经有记者问过比尔·盖茨："史蒂夫先生不是特别精通

电脑，他为何能成为一个软件巨人？"

　　比尔·盖茨答道："史蒂夫确实不是特别精通电脑，但他的外交语言和风度无与伦比。"说白了，外交就是史蒂夫的看家本领，微软的很多商务谈判都离不开他，他是世界上最优秀的谈判专家之一，为微软的软件销售、法律谈判做出了巨大的贡献，这一点是那些精通编程的工程师们望尘莫及的。甚至至今为止，仍然无人能够取代史蒂夫在微软的位置。

　　现在的企业内部竞争非常激烈，特别是一些优秀企业，每个人都是优秀的人才，要想在那些高素质、高竞争力的人群当中成为众人瞩目的明星的确不是容易的事。即使有超出常人的天赋和努力，想要在如此众多的优秀人物面前超越别人，也需要一个法宝。

　　这个法宝到底是什么呢？那就是针对自己的强项进一步学习，在这一方面做到最好。

　　现代企业最需要的是专业人才，而不是全才，只要你在某一方面特别出色，就一定能获得更大的竞争优势。这就像人们常说的那句话：不怕千招会，就怕一招鲜。

　　在这方面，我们往往不如前人做得好。以前，只有长期追

随师长学习，徒弟才能真正学到真才实学；而刚入门的艺人，他们朝思暮想的是怎样才能与成名的艺术家共处，以观察和模仿他们的为人处世之道。但是，世事变迁，老板与雇员之间的学习关系也基本上被破坏了，利益产生分歧，两方面的关系因此日益恶化。在这样的社会环境下，许多人的学习能力日渐丧失，并形成了一种恶性循环：雇员不懂得向老板学习，老板也担心雇员把自己的本领学走。

你就是老板

如果你是老板，你是否对你今天的工作感到满意？你要问问自己："我有没有全心全意地工作？"

如果你是老板，你难道不期望员工像你那样，以公司为重，把公司利益放在首位，积极主动地为公司工作？因此，当你的老板对你提出一些要求时，你为什么要拒绝？那不是很正常的吗？

每个人都在从事两种不同的工作：一种是你正在做的工作，另一种是你真正想做的事。如果把该做的工作和想做的工作结合起来，两者兼顾，那你不想成功都很难。在你可以很

好地做好分内工作时，不要满足，更不能得意。你要再仔细考虑，目前所做的工作是否还有改良的余地。如果你能这样去想和做，你的工作能力就会在无形之中得到提高。这些原来都是老板考虑的事，但如果你能去设身处地地想想如何处理，那你不久也将成为老板。你正在为你的未来做准备，你正在学习的东西将使你可以超越自我，以至超越老板。机会来临之时，就是你成功之际。

阿基勃特只是美国标准石油公司的普通职员，但他无论在什么场合中签名，都不忘附加上公司的一句宣传语："每桶4美元的标准石油。"时间长了，同事们干脆给他取了个"每桶4美元"的外号，他的真名反而没人再叫了。

公司董事长洛克菲勒听说了这事，便叫来阿基勃特，问他："别人用'每桶4美元'的外号叫你，你为什么不生气呢？"阿基勃特答道："'每桶4美元'不正是我们公司的宣传语吗？别人叫我一次，就是替公司免费做了次宣传，我为什么要生气呢？"洛克菲勒感叹道："时时处处都不忘为公司做宣传，我们要的正是这样的职员。"

五年后，洛克菲勒卸下董事长一职，阿基勃特成为了标准

石油公司的下一任董事长，他得到升迁的重要原因就是之前坚持不懈地为公司做宣传。

目前，许多管理严格的公司都在想办法留住那些极负责任的员工，给他们股票。实验研究表明，作为公司所有者的员工工作更积极主动，更愿意把自己的青春和热血奉献给公司。

不管我们做哪一行，我们都应该尊重自己所从事的工作，只有尊重我们的工作、我们的职业，我们才会在开创一番事业的时候勤恳努力，有所成就。

职业人士大多在极为忙碌且高压力的情况下，以"不得已""做一天和尚撞一天钟"的态度去工作。没有原动力，没有工作的使命感，他们不会想着"这件事必须由我来完成"，这是我的责任，而他们的结局也必定是平庸、碌碌无为的一生，甚至在他们回忆自己这一生经历的事情时都不会有任何亮点。

所以，对于每一位把自己当作老板的员工来说，没有什么不能改变的，也没有什么不能实现的。从另外一个角度而言，一个具有强烈工作使命感的员工，也正是一个优秀的、勇于负责的人，他在任何地方都会受到欢迎。

尊重老板

我们在工作中，一定要学会尊重老板。这样你就会成为一个值得信赖的人，一个老板乐于雇用的人，一个可能成为老板得力助手的人。更重要的是，你能心安理得地领取你每月的工资，因为你清楚你已经很努力地做事，你已经全力以赴。这就如托马斯·杰克逊所说，"敢于行动而且勇于负责的人一定能够成功"。

在现实生活中也存在着这样的道理：如果我们不小心丢掉了50块钱，在我们的潜意思里，我们好像丢在了自己曾经走过的某地方，你会花100块钱的车费去把那50块找回来吗？

我们肯定不会犯这样的错误。可是，在现实生活中，类似的事情却在我们的生活中不断发生。做错了一件事，明知自己有问题，却怎么也不肯认错，反而花加倍的时间来找借口，让别人对自己的印象大打折扣。被人骂了一句话，却花了无数时间难过，道理相同，为一件事情发火，不惜损人，不惜血本，不惜时间，只为报复，不也一样无聊吗？

我们怎样才能摆脱这种束缚呢？答案非常简单：尊重自己。

"尊重自己"，有几个人做到这一点了呢？在现实生活中，许多年轻人失去了做事业所应具备的态度，他们工作没有方向，遇难而退，眼高手低，以至碌碌无为，事业无成。最终对不起自己，对不起社会，也对不起国家。

玛格丽特·亨格佛曾经说过："美存在于观看者的眼中。"作为一个公司员工来讲，我们在工作中同样可以在领导身上发现你所欣赏的人格特质。如果你相信领导是优秀的，你就会在他身上找到优秀的品质；如果你总是看其缺点，就无法发现他身上本就存在的优点；如果你本身是积极的，你就更容易发现领导阳光的一面。

假如你在一个企业工作，也就有了工作的职责，就应当尽可能地尊重你的老板。

　　有的员工总是无法理解老板的做法，不明白他们的想法，认为他们不可理喻，不近人情，不讲道理。其实，如果以后你做了老板，你也会这样做。每个老板都是站在公司的大局考虑问题的，他们要考虑公司的盈利、开支，因此，在平时的管理上，他们肯定会将这些作为重点来抓，因此，老板希望员工努力工作，以获得更多的利润。同时，他们希望员工节约开销，也是为了获得更多的利润。他们还希望员工的待遇越低越好，这也是为了节省开支。但是作为员工对这些就不能理解，他们认为是老板太过小气，没有大家风范。其实，再大的公司、再好的待遇也是相对而言的，每一个老板的心理都是相通的，他们永远站在他们的位置上考虑问题，因此他们这样做无可厚非。你所要做的只能是努力工作，以实际行动来证明自己的实力，从而开创自己的事业。

　　如果你不能理解老板的做法，不能像老板一样思考，说明你还不具备做老板的条件。很多人总认为老板是剥削阶级，想方设法让员工加班加点努力工作，而不顾他们的实际利益。其实，如果员工把老板的这种行为当成激励自己的良药，那么你就可以从弱者变为强者，你的精神面貌、工作态度也会焕然一新。

　　除了一些个体户老板是自营经济组织，绝大多数人都要在一个社会组织中奠定自己的事业生涯。公司是多数人的选择，只要你是公司的一员，你就应当将全部身心彻底融入公司，为公司尽职尽责，抛开任何借口，为公司投入自己的忠诚和责任心。

　　当一家公司临近倒闭的时候，就会有一位充满传奇色彩、目光远大的领导者力挽狂澜，使企业起死回生。克莱斯勒汽车公司的领导人李·艾柯卡就是这样一位领导。当他在1978年接任克莱斯勒汽车公司的董事会主席和CEO之际，该公司正临近破产。克莱斯勒求助于他，就如同一个国家在战争时期求助于一位极有性格魅力的领袖。艾柯卡恰恰也把克莱斯勒的竞争处境描绘成一场战争。艾柯卡说，日本人正在吞食我们的午餐，而他将成为战时重新集结部队的将军。问题就在于在这样的时候，你真的需要求助于一位领导人，他能提出一个眼界开阔、深入人心和令人振奋的愿景——这能让一种新的经营方法有神奇的力量。

　　尊重你的领导，以老板的心态做事，像老板一样思考，你就能更全面地了解老板的内心世界，清楚他的做事风格，明白其希望达到的目标；同时还可以站到老板的位置上换位思考，

　　这样做有利于你处理好与老板的关系，不致产生误会和分歧，从而可以减少很多不必要的麻烦。

　　假设你是老板，试想一下，自己是那种你喜欢雇用的员工吗？当你正进行一项困难的决策，或者你正思考着如何避免一份讨厌的差事时反问自己："如果这是我自己的公司，我会如何处理？"当你所采取的行动与你身为员工时所做的完全相同的话，你已经具有处理更重要事物的能力了，那么你很快就会成为老板。

　　因此，这里提出换位思考，也就是要员工站在老板的角度去思考一些问题，充分理解老板的苦衷。如果你是老板，我想你肯定也希望当自己不在的时候，公司的员工还能够一如既往地勤奋努力，踏实工作，各自做好自己的分内之事，时刻注意维护公司的利益。这样，你就可以一心一意去处理好工作的事情。

　　如果你是公司老板，当你派出公司人员到各地处理公司事务的时候，也希望他们个个都忠诚、敬业、责任心强，以保证公司的业务顺利开展，公司的盈利能够节节上升。

　　既然你希望你的员工这样去做，那么，当你回到自己的位置上的时候，你就应该考虑，老板既然为我们提供了工作岗位，为我们发工资和奖金，我们就没有理由不把公司的事情做好。